中国良好农业规范发展研究

周脉伏　唐茂芝　等著

中国农业大学出版社
·北京·

内 容 简 介

良好农业规范(GAP)对于保障食品安全、保护环境、保障员工健康和提升动物福利起到了重要作用。中国在市场发育程度、生产主体组织化程度、参与认证的主要目标、流通体制、土地制度、政府参与和支持程度等方面,同欧美等发达国家和地区相比存在诸多差异,良好农业规范实施模式也必然不同。本书基于中国小农国情,在借鉴国外良好农业规范经验的基础上,对中国良好农业规范实施状况进行了实证分析,对其存在的问题进行了剖析,对有效的组织模式进行了探讨。

图书在版编目(CIP)数据

中国良好农业规范发展研究/周脉伏,唐茂芝等著. —北京:中国农业大学出版社,2015.8

ISBN 978-7-5655-1298-8

Ⅰ.①中… Ⅱ.①周…②唐… Ⅲ.①农业—规范—研究—中国 Ⅳ.S-65

中国版本图书馆 CIP 数据核字(2015)第 152539 号

书　　名 中国良好农业规范发展研究

作　　者 周脉伏　唐茂芝　等著

策划编辑 赵　中　　**责任编辑** 何志勇

封面设计 郑　川　　**责任校对** 王晓凤

出版发行 中国农业大学出版社

社　　址 北京市海淀区圆明园西路 2 号　　**邮政编码** 100193

电　　话 发行部 010-62818525,8625　　读者服务部 010-62732336

编辑部 010-62732617,2618　　出　版　部 010-62733440

网　　址 http://www.cau.edu.cn/caup　　**e-mail** cbsszs@cau.edu.cn

经　　销 新华书店

印　　刷 涿州市星河印刷有限公司

版　　次 2015 年 8 月第 1 版　2015 年 8 月第 1 次印刷

规　　格 787×1 092　16 开本　11.75 印张　150 千字

定　　价 32.00 元

著　者

周脉伏　唐茂芝　马九杰
秦林方　金　磊　周文灿

本书受国家“十二五”科技支撑项目“适宜我国农业生产条件的良好农业规范质量保证关键技术研究与示范”(项目号 2012BAK26B03)资助。

序 一

目前,中国的食品安全问题是全社会高度关注的重大问题。只有保证每一个环节都是安全的,端上餐桌的食品才是放心的。在食品生产和加工的诸环节中,源头控制显然是非常重要的。能够在生产过程中保证投入品的安全,按照符合质量标准的规程进行操作,并经过独立的第三方监督核查,无疑是非常重要的制度保障。

始于欧盟的良好农业规范,在世界范围内得到迅速发展,也引起了中国政府和企业的高度关注。遵循食品安全、环境保护、员工健康和动物福利的良好农业规范的理念,中国政府制定了自己的良好农业规范标准,越来越多的农户和企业参与其中,为提升中国食品安全水平,实现农业生态文明等起到了较好的促进作用。

但是,如何在中国小农国情下更好地发挥这一制度的作用,并吸收更多的小农参与到这一生产方式中来,从组织模式、激励机制和政府作用等方面还有许多问题需要探讨。周脉伏、唐茂芝等一些学者为此做出了有益的探索。这些研究成果,对于良好农业规范在中国的可持续发展,必将起到有力的推动作用。

王大宁

序 二

进入21世纪以来，旨在实现食品安全、环境保护、员工健康和动物福利的良好农业规范，在世界范围内发展迅速。在中国政府高度重视农业可持续发展与环境保护的背景下，国家“十二五”科技支撑项目专门立项，支持在遵循良好农业规范基本原则的基础上，研究制定既符合中国国情，又能与全球进行互认的良好农业规范。

周脉伏等一批专家在对良好农业规范实证分析的基础上，对国内外良好农业规范进行了比较研究，对良好农业规范的组织模式进行了分析，对政府如何发挥政府的重要作用进行了探讨，并对种植业和养殖业的良好农业规范评价技术进行了研究。

这些研究成果，对于规范农业生产者的行为，建立农产品可追溯体系，加强投入品的控制，保证农产品质量安全，提高农民专业化组织程度，乃至对农产品的贸易，都将起到积极的促进作用，无疑对生态文明、人与自然的和谐发展也有着十分重要的意义。

由于在我国实施良好农业规范有个实践的过程，研究成果必然会在实践中发展并完善。期待这些专家学者在今后的研究中有更多更好的成果，为我国的食品安全和农业可持续发展做出更大的贡献。

陈建华

前言

食品安全问题是世界各国共同面临的重大问题。如何构建从田头到餐桌的食品安全管理体系，是一个重要的课题。在涉及食品安全的诸环节中，生产环节无疑是最为重要的。良好农业规范不仅将食品安全和环境保护，而且将员工健康和动物福利作为自己的目标，因此在世界范围内得到迅速发展。

良好农业规范作为一个农产品生产管理系统，对生产过程有着极为复杂和严格的要求，小农国家对这一制度的实施面临着一定的挑战。如何使良好农业规范更有效的在小农国家实施，需要什么样的组织模式实施，实施中存在的困难是什么，需要什么样的配套制度，都是急需研究的重大课题。

本书的内容，是基于我们承担的国家“十二五”科技支撑项目——“适宜我国农业生产条件的良好农业规范质量保证关键技术研究与示范”（项目号 2012BAK26B03），在部分研究成果的基础上梳理而成。希望这些成果能够对我国良好农业规范的发展起到推动作用。本书的主要内容是基于我国小农经济为主的基本国情，具体分析了我国良好农业规范的农业生产条件，对中外良好农业规范的实施进行了比较，分析了我国的农业生产组织模式对农户食品安全生产行为和良好农业规范实施的影响。此外，还分析了我国良好农业规范实施的优势和劣势，并对我国良好农业规范进行了实证分析，对适宜我国小农国情的良好农业规范发展需要的制度提出了建议。

感谢国家认监委王大宁副主任和农业部农研中心陈建华书记给予的指导

和帮助，并为本书作序。本书还包含了王苓、孙玉霞、尹洁林、杨颖梅、孟海亮、张明玉、王文珠、张泽、常莎、杨锐、王文珠、吴春宁、周静毅、王文勇、高婷、陈飞燕、姜裕强、衡波、杨涛、闫岩等的贡献，在此一并表示感谢！

北京信息科技大学　周脉伏

目录

1 文献综述

良好农业规范在世界范围内得到较快发展，对于保障食品安全，保护环境，保障员工健康和提升动物福利起到了积极有效的作用。作为一套农业操作的规范体系，GAP（良好农业规范，Good Agricultural Practice）的认证制度在世界范围内被普遍认可，但是由于GAP制度起源于欧美，其制度的正式约束必定与欧美国家的非正式约束相适应。但各国国情不同，市场发育程度、生产主体组织化程度、参与认证的主要目标、流通体制、土地制度、政府参与和支持程度等存在诸多差异，实施模式必然不同。因此，各国在引进GAP认证制度的同时必须考虑到本国的具体国情，调整GAP规则的具体规则，使得GAP制度的正式约束与非正式约束相适应。在中国这样一个小农经济占主体的国家，如何有效实施良好农业规范，是一个具有重要价值的研究课题。

本研究的主要目标是：研究不同国家和地区良好农业规范实施情况，对中国良好农业规范的实施进行实证研究。在此基础上，探寻适应中国小农国情的良好农业规范实施模式。

1.1 良好农业规范的发展现状

根据联合国粮农组织的定义，所谓“良好农业规范”(GAP)，是指应用现有的知识来处理农场生产和生产后过程的环境、经济和社会可持续性，从而获得安全而健康的食物和非食用农产品。其目标主要是食品安全、环境保护、员工福利和动物福利。

1997年由欧洲零售商协会发起的良好农业规范(EurepGAP)，2007年9月在泰国举行的第八次EurepGAP年会上更名为GlobalGAP，现在全世界范围内得到广泛发展。GlobalGAP证书从2009年的9万张增加到2014年的14万张。截至2014年6月，在112个国家的近14万个获得认证生产者，其中，欧洲占70%，亚洲占9.2%。

中国于2003年4月由中国国家认证认可监督管理委员会(以下简称“国家认监委”)首次提出在食品初级生产阶段建立良好农业规范体系，2004年启动了中国良好农业规范标准制定工作。2006年1月国家认监委发布了《良好农业规范认证实施规则(试行)》，并于2006年5月1日起正式实施。2007年进行了修订，并于2008年1月1日开始实行，修订后的标准还实现了与GlobalGAP的基准比较与互认。到2014年10月24日，在中国境内获GlobalGAP组织许可，可从事GlobalGAP认证的认证机构共9家，其中境内机构1家(中国质量认证中心)，到2014年6月，中国境内有效的GlobalGAP证书数量为274张。到2014年11月27日，共有15家认证机构具备China-GAP的认证资质，ChinaGAP发证数量为2 963张，有效数量625张，到期失效2 274张，注销14张，撤销46张，暂停5张。

1.2 不同国家和地区研究综述

国外很多研究机构、组织和学者对良好农业规范做了大量的研究工作。GlobalGAP 作为良好农业规范的官方组织，制定和修改了良好农业规范的标准，向全世界推广良好农业规范并提供技术支持，推动世界各国就良好农业规范的实施进行经验交流和标准互认。世界卫生组织（WHO）和联合国粮农组织（FAO）认可良好农业规范在食品安全和环境保护方面的作用，积极推动良好农业规范在第三世界国家的发展和研究。

Kai Mauscha，Dagmar Mithöferb，Asfawa Solomon 和 Hermann Waibela[1]（2006）通过调查对比分析肯尼亚的 18 个中、大规模私人农场，8 个出口商自有农场和 46 个小规模农业生产者在 EurepGAP 认证下的经济表现和成本投入发现，进行 EurepGAP 认证，每公顷的投入成本出口商自有农场最小，大规模农场居中，而小规模生产者最高。出口商和大规模农场都可以通过 EurepGAP 认证而获得净收益，但小规模生产者却因为无法有效满足 EurepGAP 认证而有被出口市场淘汰的趋势。从而得出，经济规模在 EurepGAP 认证中起着至关重要的作用。

Asfaw Solomon，Dagmar Mithöfer 和 Waibel Hermann[2]（2010）基于 2005—2006 年肯尼亚 439 家小型蔬菜出口生产者的生产监测数据的随机截面样本分析得出，影响农产品生产者是否采用 EurepGAP 标准的主要因素是家庭财富、获得服务的途径、劳动力禀赋和教育水平。解决这些内生因素的关键在于组织和网络的支持和适当的小额信贷系统，一旦这些内生因素得到了解决，小规模的生产者也可以从通过 EurepGAP 认证获利。

在 GAP 的制度设计对各利益相关者激励和约束方面，Yuichiro Amekawa[3](2012)指出，良好农业规范的制度设计使得实力雄厚的农场和出口商更加具有优势，对于南半球小规模的生产者和出口商来说先进的技术手段和高昂的投入成本是他们参加 GAP 认证的“进入障碍”。GAP 的制度设计使之在以小农生产为主的南半球推广面临着诸多的限制，于是南半球一些国家建立了主要由政府推动的良好农业规范认证，即“Public GAP”项目。这些“Public GAP”项目的主要支持者是政府，政府提供财政和技术支持，通过技术培训和免费的认证认可大大降低了生产者的转换成本，从而把广泛的小规模的生产者和出口商也纳入到主流市场中来，取得了不错的经济、社会和环境效益。

Yuichiro Amekawa[4](2010)从国家治理的角度反思了泰国的可持续农业发展项目 Q-GAP，指出在激励结构、操作的可行性、政府的组织维度、工艺水平和监督管理的尺度是影响 Q-GAP 推广和作用的主要因素。Surmsuk Salakpetch[5]详细介绍了泰国质量控制体系 Q-GAP 的质量控制方针、质量控制目标、质量控制计划、作业程序、工作指令、形式和清单的记录等，并指出 Q-GAP认证的三个级别：一级食品安全，二级食品安全、无虫害，三级食品安全、无虫害、质量保障。

日本千叶大学友义松田(Tomoyoshi Matsuda)[6](2007)肯定了良好农业规范可以有效解决食品安全问题，同时提出建立消费者信心仍需要能够改变消费者选择意愿的信息并且保证这些信息传递的有效性。因此要建立一个消费者可以放心购买安全食品的环境和食品安全链，需要把良好农业规范和可追溯性体系有机结合起来，并在食品供应链中的每个环节严格实施。

美国密西根州立大学 Maki Hatanaka，Carmen Bain，Lawrence Busch[7](2005)主要研究了第三方认证制度(TPC)对世界农产品贸易参与者的影响。他们的研究表明第三方认证制度通过扩展某些因素的影响力同时削弱其他因素的影响力，重新塑造了世界农产品贸易参与者之间的社会、政治和经济关系。在 TPC 制度下，大型超市连锁系统因为有能力选择符合自己标准的供应商，从而减少了自己的监管成本并最小化了自己对于问题出现应承担的责任；零售商则因为把系统成本转移给其他利益相关者和生产者而减少了转换成本；那些有技术和财政能力接受第三方认证的生产者也会通过第三方认证传递的产品质量信息而保留甚至扩大市场份额；同时第三方认证也能帮助有些生产者进入更高端的市场领域，如非转基因产品市场和有机农产品市场；消费者也因为第三方认证能够保障商品的安全性而大大受益。但是 TPC 给小规模供应商，特别是那些发展中国家的小规模的供应商带来了很大的挑战，因为如果不给他们以财政、技术和教育培训方面的支持，TPC 的成本远远高出了他们的承受能力，他们将慢慢地被排除在世界农产品市场之外。

Olga van der Valk 和 Joop van der Roest[8] (2009)通过对肯尼亚、马来西亚、墨西哥和智利推行 GlobalGAP 的经验和教训的研究发现，这些国家进行 GAP 认证的目的都是支持其农产品出口，所以每个国家出口市场的现状和未来情况决定了这些国家中 GAP 项目的地位和作用，并指出由国家发起的 GAP 项目更多考虑的是国家战略和公共政策方面，而私人发起的 GAP 项目的目的则比较直接和单纯，即满足国际认证打开出口市场。

Yasuhiro Nakashima[9] (2010)介绍了良好农业规范的功能及其国际标准体系，日本 Ryuichi Tagami[10] (2007)，韩国 Cheol-Hi Lee[11] (2007)，越南 Ha Minh Trung[12] (2007)，菲律宾 Patricio S. Faylon[13] (2007)和马来西亚的 Mohamed Mohd[14] (2007)，及中国台湾卢虎生[15] (2007)分别就各自国家和地区 GAP 的引进和体系建设作了介绍。

1.3 我国研究综述

我国从 2003 年开始由国家认监委组织相关研究机构和研究人员对良好

农业规范进行研究并探讨在中国实施的方法和路径。“十二五”国家科技支撑计划项目中重要课题“适宜我国农业生产条件的良好农业规范质量保证关键技术研究与示范”由国家认监委认证认可技术研究所牵头，联合中国人民大学、北京信息科技大学、青岛农业大学、中国质量认证中心和北京农林科学院就ChinaGAP的标准、农超对接、实施组织模式、主要投入物、可追溯体系等各方面进行研究攻关，到目前已经取得了阶段性的成果。

在GAP认证对我国农业的影响方面，薛守营[16]（2007）认为GAP认证是推动我国农业可持续发展的新希望。王建文和王为[17]（2009）认为良好农业规范的建设和推广，不仅适合我们当前的国情、国力，也与我国的传统农业习惯符合，不同形式的良好农业是所有地区实现农业现代化的必由之路。侯传伟、王安建、魏书信[18]（2008）认为实施良好农业规范是解决食品质量安全的有效途径，对于对保障城乡居民消费食品安全、增强农产品市场竞争力、增加农民收入、实现农业可持续发展都具有重要的意义。王昕、徐捷、张韵、郑青松[19]（2009）提出推广良好农业规范是转变传统农业生产方式，加快生产管理的规范化与标准化，促进农业增效、农民增收的卓有成效的措施。同时，对食品安全，尤其是微生物的危害具有极大的改善作用。庞波[20]（2005）通过对EurepGAP与我国农产品出口贸易发展的研究发现，随着更多的国际零售商强制要求生产商获得EurepGAP认证，我国农产品受EurepGAP的影响将会更加突出，应对EurepGAP的关键在于提高我国出口农产品的国际竞争力，构建我国的农产品质量安全体系，同时结合我国国情充分利用现有资源实现我国绿色食品与EurepGAP接轨以促进农产品出口的健康发展。

在国内外GAP体系介绍与对比方面，赵晓迪、朱俊峰[21]（2010）通过中日良好农业规范的比较研究得出中国进行GAP认证的主要目的是扩大出口，消除一些发达国家的绿色壁垒，而日本GAP的基本出发点是食品安全和环境保护，同时兼顾扩大农产品出口；日本强调从土地到餐桌的整个过程的全链条控制，重视对生产过程中各种自然资源的保护，而中国控制的重点在于最终产品的质量，缺乏对过程的控制和监督，只求对消费者负责，忽视了对整个生态环境的保护。唐茂芝、乔东、葛红梅[22]等通过对比分析不同国家的GAP认证标准在认证标准制定、政府作用、认证产品体系、认证重点目标、生产主体、基础设施、认证文化等方面的异同，得出中国的良好农业规范认证，应在借鉴其他国家认证经验的基础上，充分发挥政府作用，立足于小农国情，提升生产主体的组织化程度，以促进外贸出口为重点。汪学才、徐建陶[23]（2007）等对国内外GAP认证的基本情况进行了介绍，并对我国推行GAP的优先领域进行了简述。薛洋、付陈梅[24]等（2009）介绍了全球良好农业规范认证的变迁和发展。陈廷贵、黄波[25]（2010）介绍了日本良好农业规范的实践，同时提出了日本GAP体系对中国GAP发展的启示。樊红平、白玲[26]等（2007）探讨了欧美良好农业规范对我国的启示。

在中国GAP认证的现状和问题方面，石旺鹏[27]（2010）回顾了我国GAP的发展和成效，并指出了我国GAP发展的制约因素：目前我国的小农经济、分散生产模式不仅效率低下，而且很难做到规范化、标准化，不利于ChinaGAP的迅速发展；水土环境污染及农药、化肥、饲料、激素、有毒有害物质带来的污染是GAP发展的严重障碍；我国是一个多民族国家，各地区种族构成差异大，地域文化、民族文化、各民族生活习惯、文化素质等都不同，难以制定一个让所有人认同的特定标准；对GAP的认知程度不高等。周脉伏、唐茂芝[28]认为中国的良好农业生产规范标准在实施过程中，存在着认证主体组织形式、认证成本过高、与小农生产习惯不符、产品标识困难等诸多问题，我们应该完善相应的标准体系，加大政府对认证者的财政支持力度，推进认证产品进入超市，完善技术服务体系。胡晓钧[29]（2009）概述了当前我国在推行GAP过程中存在的突出问题:基层政府、农业企业及生产者对GAP缺乏认识;农业生产规模化、专业化程度低;投入资金严重不足,专业人才匮乏;GAP基地建设缺乏成熟的组织模式;农产品市场机制亟待进一步完善。

在中国GAP实施的组织模式方面,王志刚、包书政和许晓源[30](2008)提出由于现阶段中国传统农业仍占主导地位,大量分散农户进行独立生产经营,阻碍了ChinaGAP的有效推广。通过对比分析农民专业合作社与龙头企业,认为农民专业合作社能够促进传统农业结构调整,比"公司+农户"模式中的企业更有利于ChinaGAP的推广。

综上所述,GAP对于中国的学者来说仍是一个全新的研究领域,目前的文献多集中于国外GAP经验借鉴和中国GAP发展现状和存在的问题探讨方面。在不同的农业生产组织模式对推广中国GAP的作用方面很少,且现在研究只做了论述性分析,缺乏实证分析和经济理论支持。

2

基于良好农业规范的我国农业生产条件分析

若使良好农业生产规范在中国能够得到较好的发展，发挥出较大的成效，必须使这一"洋制度"同中国特殊的农业生产条件和农业经营制度相适应。对于良好农业规范的实施而言，同欧美等发达国家相比，中国的农业生产条件在发展的阶段性、农业生产经营制度、农村土地制度、农产品流通体制、农业基础设施、消费者选择、政府作用等方面存在着明显的特殊性。

2.1 中国已经进入"新常态"发展阶段

经过30多年的高速发展，中国经济取得了举世瞩目的成就。但总体来说，中国走的是一条高耗能、高污染的粗放型发展道路，目前资源约束、环境约束已接近极限，劳动力红利也基本吃尽，几乎没有更多的劳动力可供转移。中央提出中国发展进入新常态，这标志着原有的高速度、高耗能、高污染发展方式已经不可持续，必须终结。

食品安全问题、环境污染问题、资源过度利用问题已引起全社会的高度关注并基本达成共识：改变思维方式，调整生产方式，全面深化体制改革，实现人和自然的和谐，实现经济社会的可持续发展。这样一个“新常态”，为良好农业规范的实施创造了非常有利的环境。

2.2 以家庭经营为主的传统生产经营体制与新型的集约化经营体制并存

传统的以家庭分散经营为主的生产经营体制和新型的高度组织化、规模化和集约化经营并存，对良好农业规范既有挑战，也提供了机遇。

我国当前的农业土地实行的是社会主义公有制，即劳动群众集体所有制。农村土地的社会主义劳动群众集体所有制具体采取的是社会主义集体经济组织所有制的形式。

与土地所有制相对应，我国农村集体经济经营体制是以家庭联产承包为主的责任制和统分结合的双层经营体制。家庭联产承包责任制，实行以家庭联产承包经营为基础，统分结合的双层经营体制。家庭联产承包制下，广大农户以家庭为基本单位独立经营小规模农业，实行生产资料个体所有制。土地的承包经营，分割了土地产权，“集体”继续占有土地所有权，农户则享有土地的使用权和收益权，即土地承包经营权。

首先，实施良好农业规范要求有相当数量的优质土地，要求广大农户在这些土地上进行集约化生产种植，并接受科学、系统和标准化的管理。当前我国家庭联产承包制度下的广大农户是典型的小农户，他们承包的土地规模小，经营分散。同时，我国农村土地的质量参差不齐，而集体内要求公平分配，就导致了地块细碎化，导致了农户的小规模经营，造成规模不经济，农业边际生产成本提高，农产品商品率低。土地数量和质量的限制，土地地块分散细碎的现实，使得我国在实现良好农业规范经营的过程中面临诸多困难。其次，良好农业规范要求农业生产用地远离污染源，要求有良好的排水和灌溉设备，施用的肥料有严格的限制，施用量有严格的标准，同时要求农地周围有相应的清洁设备和卫生的存储场所。由于我国土地使用权不稳定，导致农民不愿对土地进行长期投资，而且分散经营的农户也无法承担高昂的基础设施投资成本。最后，良好农业规范在中国的推广，在当前的制度下面临着巨大的交易费用。一方面，小农户经营分散，组织程度低，而且面对复杂多变的市场，往往处于信息劣势的地位，在市场谈判中处于被动，自身利益难以保证。而且，小农户在生产中还面临小生产与大市场的矛盾，产前、产中和产后脱节，出现"买难，卖难"的问题，导致了单个小农户无法实现规模效应。因此，除了实施良好农业规范认证所必需的费用和基础设施建设的费用之外，小农户还需要面对巨大的交易费用。另一方面，企业进行GAP认证，就需要将分散的土地进行整合，将小农户集中起来，与小农户签订农业生产契约，进行集中管理和生产。企业在认证过程中，面临着较高的谈判成本和监督成本。

农村家庭经营制度的存在局限性，包括经营规模小、组织化程度低、生产方式粗放、劳动力老龄化和低素质，以及服务体系不健全等，在客观上呼唤以组织化、专业化、集约化为重要特征的农村新型经营体制。许多地方也为此进行了大胆积极的探索。中央为此出台了加强农地规范流转的系列政策，积极扶持合作化组织和农业龙头企业，鼓励高素质的职业化农民经营土地。这为良好农业规范的实施创造较为有利的条件。

2.3 农业生产主体多元化和素质差异

我国农业生产主体既有大量的传统小农户，也有具备一定规模的大农户，还有扮演越来越重要角色的各种公司企业和合作经济组织。不同生产主体之间存在着联合与合作，但不同生产主体之间在基本素质、资源占有、管理方式、市场势力等方面存在较大差异。组织化程度高的农业生产经营主体具有更好的管理能力、技术优势和市场势力。尽管它们之间在生产上可以有某种程度和某些形式的联合与合作，它们对良好农业规范的参与程度和适宜程度也会存在着差异。

2.3.1 我国当前的农业生产主体及其组织形式

2.3.1.1 小农户

当前，我国的农业生产主体以分散经营的小规模农民为主，农村经济是典型的“小农经济”。所谓小农，“小”主要是指经营规模较小，“农”是指从事农业活动的家庭，小农指的是生产规模小，一般是以家庭为单位组织农业生产的一种社会生产组织。小农经济也称个体农民经济，是指以家庭为基本组织形式，以生产资料个体所有制为基础，完全或主要依靠劳动者自己的劳动，独立经营小规模农业，以满足自身消费需要为主的经济形式。

我国现阶段农村家庭联产承包责任制下的农户家庭经济，仍然具有生产规模较小、市场化经营程度较低的特点，所以它基本上仍是一种小农经济——小规模经济。

据2012年中国统计年鉴显示，目前我国共有2亿多个农村住户，农村人口数为6.5亿多人，其中，80%以上为散户。小农户作为我国农业的基本生产经营单位，这是中国改革开放实行家庭联产承包责任制的结果，同时也是符合我国资源禀赋的。

小农户的主要特征有以下几点：第一，规模小，个体家庭分散经营，生产资料个人所有，独立劳动。中国农村人均耕地面积为 0.18 hm^2，平均每户则为 0.48 hm^2，土地分散在每个独立的农户手中，农户之间缺少分工协作，具有很强的趋同性。第二，农户经济实力薄弱。由于农业的弱质性、农产品的需求弹性小、粮食商品化率低等原因，农户的经济收入普遍处于较低水平。再者，缺乏有效的融资渠道也制约了农户的发展。第三，农户受教育程度低。绝大多数农户的教育水平为中、小学水平，高中以上学历的不到农村人口总数的 10%。第四，分散农户经营活动局限于农业生产领域，同农业产前、产中、产后服务部门相互分离，处于半自然经济状态，与我国大力倡导并发展的农业市场经济脱节严重。

除此之外，小农经济还具有弱小性、多重性和依附性的特点。小农经营者以家庭为单位，分散经营，容易受到地理和气候等因素的影响，易受到社会经济波动的影响。同时，小农经济的本质会随着社会的发展变化而变化，因而小农经济作为一种生产组织形式，可以是自给自足的自然经济，也可以是简单的商品经济，还可以是半商品生产、半自然生产双重性质的经济。由于小农经济的弱小性和多重性，就决定了小农经济具有依附性。他可以依附于各种社会制度，各种经济形态，因此无论在何种社会制度下小农经济都表现很强的依附性和生命力。

2.3.1.2 农业大户

农业大户是指专门从事某种农产品或农业项目的生产，商品率较高、专业化经营和生产，其收入在家庭收入中占有很大的比例。其特征仍然属于小农户性质，但在生产规模、技术采用和谈判能力方面要优于小农户。

2.3.1.3 基于农民专业合作社的“合作社+农户”模式

我国于2006年10月31日通过，自2007年7月1日起施行的《中华人民共和国农民专业合作社法》将农民专业合作社定义为：“农民专业合作社是在农村家庭承包经营基础上，同类农产品的生产经营者或者同类农业生产经营服务的提供者、利用者，自愿联合、民主管理的互助性经济组织。”作为一个新的农业生产经营主体，专业合作社具有以下几个特点：在组织机制方面，合作社是自愿加入的组织，向能利用其服务并承担社员责任的所有人开放，不允许有任何歧视。理论上只要承认合作组织章程，能利用合作组织提供的服务并能够承担成员义务的人均可加入；在决策机制方面，农民专业合作社基本上都设立了理事会、成员大会作为决策机构。作为一个“民办、民管、民受益”的经济组织，其决策机制体现为全体社员地位平等及对合作社的民主治理和控制。因而，成员“民主管理”是合作社的治理原则和特征；在利益机制方面，社员参与合作的根本目的是为了克服家庭经营的弊端，通过联合和合作的力量创造合作收益，并通过公平的分配使组织成员能够分享合作剩余，增加个人收入。合作社的利益机制，主要涉及两个方面：一是合作社与成员的利益关联方式，二是合作社的利益分配机制。现实中，大多数合作社与社员的利益联结方式是提供信息、技术服务和实行盈余分配及保护价收购产品。《中华人民共和国农民专业合作社法》明确规定，农民专业合作社应当遵循主要按照成员与本社的交易量（额）比例返还社员盈余的原则，并强调盈余返还的比例不得低于60%，但实际上真正按合作章程运行的很少，大多数合作社没有建立按惠顾额返还盈余为主的利益分配机制。农民专业合作经济组织在市场信息搜集、农业标准化生产、专业化生产、农业科技推广和市场讨价还价能力等方面显然要优于小农户。但是，也存在着对农户的有效激励不足和农户的机会主义行为等问题。由于良好农业规范较为复杂的管理程序和更加科学的操作，在农民专业合作经济组织中推行不但具有规模化效益，管理水平也更加适合。

2.3.1.4 基于龙头企业的“公司+农户”

依法设立的以农产品生产加工和流通为主业的企业，包括按照公司法设立的公司、其他形式的国有、集体和私人企业，以及一些中外合资合作企业和外商独资企业。一般来说，这些具有现代化生产加工技术、投资规模较大，实力雄厚、管理先进，它们具有强大的市场优势、信息优势、管理能力和资金优势，谈判能力也比农户高得多。它通过与农户不同形式的联合与合作，对农户有着较强的带动作用，有松散型、半松散型和紧密型的联合。二者的利益分割是个非常棘手的问题，龙头企业在同农户的合作中，由于占有诸多优势，容易违约，将市场风险转嫁给农户，存在着一定程度欺压农户的现象，但农户也存在着机会主义倾向，所以二者的履约机制存在很多问题。

2.3.2 基于GAP的生产主体分析

良好农业规范是一项操作性很强的、要求很严格的标准体系。良好农业规范针对不同的作物生产特点，对作物管理、土壤肥力保持，田间操作，植物保护等都有十分严格的要求。对于畜禽的生产方式和特点，对养殖场选择、畜禽品质、饲料和饮水的供应，场内的设施设备，畜禽的健康、药物的合理使用、畜禽的养殖方法，养殖生产过程的记录，产品的追溯都有严格的要求。所有的这些要求，都对GAP认证农产品的生产主体——农民，提出了很高的要求。因此，生产主体要有很高的素质，才能在实际操作中真正地执行好GAP认证的各项标准要求。

作为我国当前最主要农业生产主体的小农户，在适应良好农业生产规范方面还存在着许多制约。第一，我国农民受到小农思想的影响，对于像GAP

这样的新生产管理方式持怀疑态度，因为GAP生产需要巨大的成本投入，无法在短期内获益。农民不敢投入资金，在取得显著的成效前，会对新技术和新管理方式持保守态度。第二，农民科学文化素质低，不能适应GAP认证的要求。许多农民不能够读懂GAP认证复杂和详细的标准要求，不能对GAP认证的理念进行深入的理解。即使经过培训的农民，也不能够很好地将其所学到的经营和管理技术运用到农业生产中。如农民没有对于生产过程的记录习惯，导致了全过程控制不能够很好地实现。在实际的生产过程中，有些农民往往会忽视标准要求，仅凭借自己的经营进行生产，偷施肥料，偷用农药的情况时有发生，导致了最终产品不符合标准要求。第三，农民缺乏法律意识和市场意识，对于GAP认证的实施造成了很大的困难。有些农民为了个人利益，不顾合同制约，私自出售农产品，单方面违约造成企业损失。

但专业合作经济组织和农业龙头企业具有较大的规模，雄厚的资金，较好的技术和管理水平，市场销售能力强，在实施良好农业规范方面具有很大的优势，可以单独或带动农户一起实施。

2.4 农业基础设施薄弱

农业基础设施是为农业生产过程提供基础性服务，从事农业生产的全过程中所必需的，对农业生产发展有重大作用的物质条件和社会条件，是农业发展的社会先导资本，是发展现代农业、强化农业基础的前提和基础。

我国在农村建立家庭联产承包责任制之后，农村的中、小型基础设施建设主要依靠农民自力更生进行，或者以村集体名义以开发项目的形式展开，政府在基础设施投资上存在不足，我国基础设施的薄弱给我国农业进一步发展，特别是农业产业化和农业现代化带来了极大的阻碍。2003年之后，国家和政府开始加大了对农业基础设施的投资力度，并且取得了一定的成效。由于农业基础设施条件的改善，使得我国的农业生产条件得以改善，农业生态环境得到初步改善和保护，农业综合生产能力显著提高，农田有效灌溉面积增加，农业抵御旱涝灾害能力增强，农业机械基础设施条件也迅速改观，同时，农村信息基础设施建设进一步加强，信息服务平台与信息网络也初具雏形，农村教育基础设施建设也取得了一定的成果。

虽然我国农业基础设施建设取得了许多成就，但是与国外先进国家的机械化、信息化和数字化的农场相比差距依然很大。尤其是农业基础设施投入结构不合理，国家对农业基础设施投入主要集中于大型水利、林业和生态建设，对农村急需的中小水利设施缺乏足够的资金支持，致使农村许多地区的农田水利设施年久失修，老化严重，阻碍了农业的进一步发展。

良好农业规范的实施，需要有较好的农业基础设施条件。良好农业规范认证对于农场的基础设施有很严格的要求，比如要求生产基地远离居民区，远离污染源，有一定的隔离措施和排水措施。这就需要农场拥有良好的道路交通条件和防护隔离措施。良好农业规范对灌溉用水也有十分严格的要求，规范不符合国家标准的用水禁止用于灌溉，这就要求农场有良好的农田水利灌溉措施，有良好的污水检测和处理设备。此外，基于食品安全、员工福利和动物福利的要求，良好农业规范还要求生产基地周围有相关的农业用具存放和储藏的仓库，有用于清洁的厕所和洗手池，有保障员工健康的医疗设备。因此，要顺利推广和实施良好农业规范，就必须进一步加大农业基础设施的投资和建设，特别是对众多小规模农场农田水利、道路交通等小型基础设施项目的支持。

2.5 农产品流通体制尚不完善

2.5.1 我国农产品流通体制的基本特征

中国目前的农产品流通基本形成了以市场为导向、多渠道、多种经济成分、多种经营方式和多种经营环节的农产品流通格局,但是与国外先进的农产品物流还是有着很大的差距。

首先,当前我国农产品的流通主体有农民、农业经纪人、运销商贩、农业中介组织、农产品加工企业等。而这其中,农民是我国农产品流通的主体,因此我国的农产品流通具有小生产大流通的特点,面临着"小生产"与"大市场"的矛盾。由于我国小农规模小而分散,信息闭塞,在流通中往往处于弱势地位。农户在农产品流通中的交易对象是偶然的,随机的,能与买方建立稳定的契约关系的农户较少。即使建立契约关系,又由于没有形成相应的利益联结机制,这就造成了大量的违约行为,最终导致了农民利益受损。同时,由于对于农产品市场信息缺乏,广大农户无法预测产品市场价格,面临着巨大的市场风险。因此,作为我国农产品流通主体的农户,在流通中利益得不到保障。其次,当前我国当前的农产品流通环节过多,导致了农产品流通成本巨大。我国农产品流通的模式基本如图 2-1 所示。

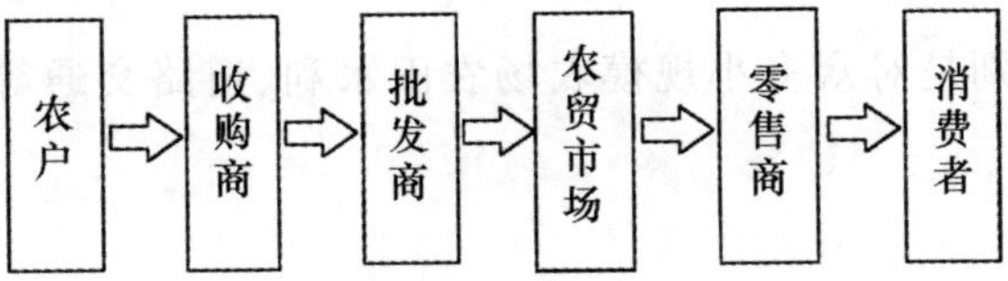

图 2-1 农产品流通环节图

农产品流通从最初的农户到最终的消费者一共经历了 6 个环节，这样一种多级批发零售的流通模式，导致流通环节过多，流通链过长。而且，在流通中，由于每个环节的流通主体都是独立个体，都要追求利益最大化，这就导致了每经过一个环节，农产品价格就会被抬高，因此最终到消费者手中的农产品价格比收购商收购农产品的价格要高出许多。消费者和农户的利益都受到了侵害。最后，我国农产品物流基础设施落后，物流信息化程度低。我国农产品流通仍然是以原产品和初加工品为主要流通客体，而初级产品在流通过程中易损坏，易腐烂。同时，由于在流通过程中缺乏对农产品的深加工，这就导致了农产品的附加值低，其价格也相对较低。当前，批发市场和农贸市场是我国农产品流通的主要载体，而当前大多数农产品批发市场和农贸市场仍然是简易的露天大棚，没有必要的冷冻存储设备和相应的保鲜基础设施，这就造成了农产品在流通中的变质和损失，不但造成了巨大的浪费，还增加了农产品的物流成本。我国的鲜活农产品在收购、运输、储运等环节的损失比例高达 30%左右，而发达国家只有不到 10%。此外，我国农产品流通缺乏一个专业和权威的生产流通信息发布平台，这就造成了广大农户，特别是偏远地区的农户对农产品市场的信息不对称，导致了我国农产品流通缺乏效率和稳定性。

由于传统的农产品流通模式存在“流通链长、流通久、消耗大”，中间商加价严重，污染程度高和可追溯差的弊端，我国开始改变传统的农产品流通模式。特别是在超市已经成为大众消费的重要场所的前提下，我国从 2008 年之后开始试点实行“农超对接”这一新的农产品流通模式。“农超对接”指的是“农户 + 零售终端（超市）”的流通模式。这种模式下，超市作为零售终端，与农民合作组织直接开展联系，以“直供”或“直采”的形式对接农产品。

2.5.2 良好农业规范实施对农产品流通体制的要求

良好农业规范的实施,要求农产品本身要具有可追溯性,同时要解决生产者和消费者之间信息不对称的问题。目前中国良好农业规范认证产品由于不能加贴标示,消费者很难识别,因此在一般的批发市场,GAP 产品没有销售渠道。而大型超市对于销售的农产品有严格的质量标准,有的超市甚至规定进入超市的农产品必须符合 GAP 认证或者绿色认证等标准,这就决定了经过 GAP 认证的农产品只有进入超市才有市场。实现农超对接,超市可以凭借自身的经济、管理和信息优势参与农业生产加工和流通过程,为农业生产提供服务,有效链接农户和市场,减少流通环节,节约流通成本。同时,超市还能够通过制定严格的农产品质量标准,建立农产品的可追溯体系,有效保障超市农产品的质量。因此,要推动和发展中国的 GAP,必须积极推动 GAP 产品进入超市,实行"农超对接"。

2.6 农产品消费者的需求分化

从总体上来说,中国的消费者对食品农产品的消费已经由吃饱的需求发展到吃好的需求,即由追求量的满足到质的提高。随着消费者收入水平的分化,对农产品的质量也出现了分化的需求。尤其是频发的食品安全事件,促使一些收入水平高、安全意识强的消费者,愈来愈注重食品安全,购买有机食品、GAP 认证食品和绿色无公害食品,从而形成了对 GAP 等认证产品的巨大市场需求,为中国实施良好农业规范提供了极为有利的条件。

由于中国特殊的人口政策和受传统文化的影响,一些条件适度许可的家庭单独为老人和儿童购买相对安全的食品农产品。他们对良好农业规范认证食品也有着很高的期盼。

有机食品的品质在保障食品安全方面是无可置疑的，但由于成本和价格高，很难让一般消费者接受。GAP产品相对有机产品而言，既可以保障安全，也能够让消费者消费得起，因此，在中国推行良好农业规范具有十分庞大的消费者群。而且，随着消费者收入水平的提高，对这类产品的需求呈上升趋势。

但是，目前消费者对GAP认证产品的认知程度仍然需要提高。因为GAP产品首先是为了满足公司的出口，在国内市场的销售比例较少。政府对于GAP认证也没有相应的宣传和推广，绝大多数国内消费者都不知道GAP认证。而且，GAP产品不能贴标，消费者不能够将它与无公害和绿色农产品加以区别，有的GAP产品只能按照绿色农产品来销售，不能体现GAP产品的特点，严重影响了消费者对于GAP产品的消费。

2.7 政府拥有强大的组织能力

由于历史原因，中国政府掌握了庞大的组织资源，具有很强的组织推动力。

中国政府在良好农业规范推广方面已经做了大量的工作。第一，政府最先启动了中国良好农业规范的认证工作，出面组织制定了良好农业生产规范标准及实施细则，并不断对标准进行修订和完善。第二，加强了同相关国际组织的交流。国家认监委与EurepGAP签署了《认监委与EurepGAP/FoodPLUS技术合作备忘录》和《ChinaGAP认证体系与EurepGAP认证体系基准性比较问题谅解备忘录》，并且完成了ChinaGAP认证体系与EurepGAP认证体系基准性比较工作。第三，政府重视认证培训工作。国家认监委会同国家标准管理委员会（以下简称“标准委”）组织部分专家编写了《良好农业规范实施指南》等统一教材，并组织了检查员队伍的培训。

中国良好农业规范的实施主要得益于政府的大力推动，尤其在中国非政府组织不成熟和不完善的情况下，也需要政府的大力推动。但是，实施过程中，政府推动的方式和内容还有许多有待改进和优化之处。比如应对农村基础设施投资，大力推进GAP认证产品进入超市，加强良好农业规范的宣传力度，提高消费者对良好农业规范的认知水平，为认证企业提供财政补贴等。

3

不同国家和地区良好农业规范的实施与借鉴

3.1 不同国家和地区 GAP 实施的基本情况与特点

欧盟：GlobalGAP 的前身是 EurepGAP，它是由欧洲零售商行业协会于1997 年发起的，并组织零售商、农产品供应商和生产者制定的有关农业生产的标准。欧盟发起 GAP 标准的主要目的是为了能够给消费者提供安全可靠的农产品，通过 GAP 认证，实现对于农产品的追溯，同时达到保护环境，保障员工福利和动物福利的目的，实现农业可持续发展。

在 EurepGAP 的发展过程中，私人组织发挥着十分重要的作用。EurepGAP 的建立是由具有民间团体性质的欧洲零售商协会发起的，并由欧洲零售商协会组织零售商、农产品供应商和生产者制定的有关农业生产的标准。GAP 通过其技术和标准委员会(TSC)进行标准的制定、修改、完善。同时，欧洲零售商协会组织 GlobalGAP 委员会负责 GAP 的推广和发展。可以说在欧洲，GAP 的发展和推广主要依托欧洲零售商协会等的私人组织，政府并没有在其中发挥重要作用。

EurepGAP 标准框架分为综合农场保证（IFA）、综合水产养殖保证（IAA）、花卉和咖啡 4 类技术规范，其中综合农场保证又包括基础模块、大田作物、果蔬等 10 个模块。每类技术规范包括相应的通则，控制点与符合性规范（CPCC）和检查表 3 个部分。

欧洲国家由于受到地域的限制，人均耕地面积不高，农业生产主要采用家庭农产的方式，但是得益于欧洲国家发达的经济发展水平，其家庭农场往往与工业联系紧密，农工一体化水平和产销一体化水平高。因此，欧洲在发展 GAP 的过程中采用农工商一体化模式，通过家庭农场的农工商一体化和各种合作组织将农业生产的包括从耕种、田间管理、收获、运输、储藏、营销等一系列活动联系起来，保证了 GAP 认证的顺利进行。经过严格认证的 GAP 产品，依托欧洲发达的流通渠道，最终进入欧洲各大型超市。

欧洲国家的农民受益于欧洲各国良好的农业基础教育和农业专业培训，普遍具有较高的科学文化素质和专业的劳动技能，在实际认证过程中大大节约了交易费用。GAP 产品不贴标签，但是由于欧洲的广大消费者人均收入水平高，食品安全意识和环保意识较强，对于 GAP 产品十分认可，因此 GAP 产品在欧洲有着良好的市场。

美国：1988 年，美国食品药品监督管理局（FDA）和美国农业部（USDA）联合发布了《关于降低新鲜水果与蔬菜微生物危害的企业指南》，首次提出了良好农业规范的概念。

美国良好农业规范标准的实施，主要是针对于未加工、最简单加工出售给消费者，或者是加工企业的大多数果蔬的种植、采收、清洗、摆放、包装和运输过程中常见的微生物危害控制，关注的是新鲜果蔬的生产和包装。其适用

范围不仅仅包括农场,还包括从农场到餐桌的整个食品供应链条。美国的USAGAP以微生物控制为重点,目的是为了降低农业生产过程中的微生物危害,保证农产品安全,保障消费者利益。

美国的USAGAP是在美国连续多次发生食品安全事件的情况下,由美国政府发起的。1998年10月,FDA和USDA联合发布《关于降低新鲜水果蔬菜中微生物危害的企业指南》。1999年,FDA和USDA联合启动了国家GAP计划,以康奈尔大学为基础,与25个州合作,通过为生产者和包装者提供综合性培训和宣传来推广USAGAP。美国农业部市场服务局USAGAP在2007年7月1日成为强制性认证。USAGAP由农业部联邦食品检查服务局(FSIS)作为独立的第三方认证机构开展认证。同时,农业部农业市场服务局(AMS)参与管理,并负责将通过认证的企业和产品和产品名称公布到网站上。美国政府在USAGAP的发展和推广过程中起着十分重要的作用,但在认证的推广过程中,政府没有针对GAP制度的专项补贴,政府只扮演着一个制度提供者和科技供应者的角色。

美国国土面积广大,人均耕地量大,农业生产以大农场生产为主。这些大农场地域广阔,农业机械化水平高。农场主普遍接受过良好的教育和职业培训,具有良好的科学文化素质和专业技能,能够认可GAP认证的理念,满足GAP认证对于生产主体的要求。

美国推行USAGAP的主要模式正是采用了以家庭大农场为生产主体的合同制一体化模式。美国的家庭农场采用单一化经营为主导的专业化生产,生产的科技水平和机械化水平高,生产的农产品市场化程度高。许多农场主将部分产前农作物种子的培育、各种生产工具的供应,产中农作物生产以及产后的农作物加工、运输、销售等部分活动分解出来,让专门机构承担,实现合作化生产。在进行GAP认证美国的家庭农场与大企业签订协议,实现合同化生产，确保提供产品服务的质量和数量。

美国的农产品流通比较发达，其流通模式的主要特点是大型超市、连锁店与农产品直接对接，实现直销，直销比例大约占80%。绝大多数农产品通过大型超市和连锁店来销售，而这些超市和连锁店往往规模庞大，有些甚至还有自己的采购、配送中心和属于自己的农产品生产基地。美国的消费者收入水平高，环保意识和食品安全意识较强，对于GAP产品的认可度也高。

加拿大：加拿大的GAP是在加拿大农田商业管理委员会的资助下，由加拿大农业联盟会同国内畜禽协会及农业和农产品官员等共同协作创立的。加拿大GAP采用危害关键控制点分析(HACCP)方法，建立的农田食品安全操守。

目前，加拿大食品检验局的食品植物产地分局发布了初加工的即食蔬菜的操作规范，该规范主要是利用危害分析方法，对蔬菜种植土壤的使用，天然肥料使用管理，农业用水管理，农业化学物质管理，员工卫生管理，收获管理和运输及贮存管理等过程危害进行识别和控制，以降低即食蔬菜的安全危害，确保蔬菜食品的安全。

澳大利亚：澳大利亚是最早引入引进GAP的几个国家之一，早在1998年，基于质量保障(QA)计划的食品安全计划就被广泛引入。QA早期计划引入成本很高，并且缺乏相关的咨询，同时维持QA这一计划的成本也很高，这就决定了QA管理一般为大农场生产者采用。此外，QA认证的第三方认证的费用也很高。为了弥补QA的这一缺陷，从2000年起，澳大利亚将HACCP与GAP两者相结合，结合澳大利亚的实际，创立了新鲜农产品放心认证(Freshcare)体系。Freshcare的标准要求防止或者最小化新鲜农产品在生产、收获、操作、包装;储存和运输过程中食品安全危害，通过这一体系确保食品安全，保障消费者的权益。澳大利亚的GAP认证也属于零售商发起型。出于

对食品安全的考虑，澳大利亚的零售商规定供应商必须经过第三方认证才能上市，通过第三方认证来推广实施 GAP。Freshcare 的推广主要由澳大利亚果蔬协会(FVI)负责。协会统一组织，成批检测。同时，协会建立数据库，提供给政府和相关机构，实行农产品可追溯管理。在澳大利亚的 GAP 发展过程中，政府不直接参与，但是却通过制定法律法规，加强农场基础设施投资等手段间接支持 GAP 的发展和推广。

日本：日本农林水产省与 2005 年 3 月发布的五年计划——《粮食农业农村基本计划》，明确提出 GAP 的制定和实施。在政府积极推广 GAP 的同时，日本国内的非营利组织和大型零售商亦大力发展各自的 GAP，从而形成了多种 GAP 并存的局面。包括农林水产省推行的食品安全 GAP、日本 GAP 协会推行的 JGAP、大型连锁零售商永旺(AEON)株式会社推行的 AEONGAP 和日本生活协同组织联合会推行的生协 GAP。

日本进行 GAP 认证的主要目的为了保证食品安全，保护环境，同时为了促进日本的农产品出口。

日本 GAP 协会制定的 JGAP 仅涉及谷物和果蔬两类产品，并通过了 GlobalGAP 的同等性认证。这两类两类产品的标准都包括三个部分的内容：日本 GAP 的一般原则、管理要求和符合性标准、日本 GAP 认证检查表。其中管理要求和符合性标准部分分别就农作物安全、环境保护、生产者的安全和福利、农场经营和销售管理四方面内容。综合考虑各方面的因素，将这些管理要求和符合性标准分为必须的、重要的、努力的三个级别。农林水产省推行的食品安全 GAP 只限于日本国内销售的农产品，没有与 GlobalGAP 进行同等认证。其种类包括大米、小麦、大豆、设施野菜(大棚蔬菜)、露地野菜、果树、花卉、茶、菌类 9 种。

日本 GAP 的推广和发展与日本政府密不可分。政府除了制定各项政策措施，颁布各种计划、指南之外，更是对于 GAP 进行直接补贴。为了支持 GAP 的开展，政府颁布各种政策措施，如农林水产省于 2005 年 4 月发表《确保食品安全安心的补贴金实施纲要》，规定政府对各都道府县、市町村和产地实施 GAP 而进行的试点调查、购买资料、参加研修等一系列的相关活动进行每年给予不超过实际费用的 50%的补贴。农林水产省给申请 GAP 的人发相应的补助金，对农协等的团体认证在认证时给予 50%的补助金。鼓励团体认证，不鼓励单个农户进行认证。

在日本 GAP 的发展过程中，日本农协发挥了十分重要的作用。日本的农协全称“日本农业协同组合”，包括综合农协和专业农协等形式。日本的农协实际上是政府为了对农业实施保护而成立的一个行政辅助机构，农协参与制定农业政策，并负责执行农业保护政策。同时，农协代表广大农户的利益，与政府开展对话，提高农户的政治地位和社会影响力。此外，农协在农产品流通和农业信贷方面发挥着重要的作用，农协还会开展各种培训，指导农户，并为农户提供技术咨询。

韩国：韩国于 2002 年 9 月引进 GAP，并最先在药品植物领域进行试点。韩国引进 GAP 的主要目的是为了消除在生产和加工阶段的有害因素，以保证向消费者提供安全的农产品和牲畜产品。

韩国 GAP 由韩国农业和林业部（MAF）发起，于 2004 年开始试点，最先试点的包括 350 户农户，到 2006 年韩国 GAP 内容逐步完善。为了更好地推广韩国的 GAP，韩国农业和林业部、农村发展部（RDA）、国家农产品质量管理服务部（NAQS）、国家农业合作协会（NACF）、韩国农业贸易公司（KATC）等六个部门的代表组成了一个特别小组，研究韩国 GAP 这一试验项目。2003 年 MAF 发布韩国 GAP 的标识，并发布 GAP 指南，指南包括协议和其他国家的相关材料。

韩国GAP计划的主要内容包括7个部分，包括以Codex、FAO、EU和US为基础，发布GAP指南，设计GAP标签，制定GAP发展时间规划，确立GAP培养协议，确立对于卫生设施的支持，建立GAP培训体系等一系列措施来建立和完善韩国的GAP制度。

韩国的GAP模式是由生产者组织和地方政府共同参与的，通过准备协议耕作的标准和内部治理管理来实施。地方政府负责管理，而检查和认证管理必须要有诸如国家农业合作协会的生产者组织提供的GAP计划来主导，国家农产品质量管理服务部负责技术指导和对诸如认证机构的监督。

在韩国建立的GAP培训体系，由来自FDA的相关专家对参与GAP认证的农户和加工商和分销商进行培训，包括两次共10个小时的课程。同时建立一个由国家农业合作协会，韩国农业贸易公司设立网络培训体系。

韩国十分重视农民的培训，因此韩国的GAP认证产品的生产主体普遍受到过良好的教育和职业培训，但是对于GAP认证，农民还缺乏相关的了解，GAP认证程序比较繁琐，认证成本较高，因此韩国的农民对于GAP认证的热情不是很高。虽然韩国的GAP能够贴标，但是韩国的消费者对于GAP认证也缺乏了解。不过韩国收入水平较高，环保意识和食品安全意识也较强，许多韩国消费者表示愿意花高一点的价格去买安全健康的食品。

我国台湾地区：我国台湾地区引入GAP是为了应对各类食品安全事件，保证农产品安全，提升消费者对于农产品的信心，同时改善台湾地区农产品的出口环境。

20世纪90年代，台湾地区引进了GAP的概念，并在水果和蔬菜种植业中建立了基本的GAP图标认证体系。台湾地方政府在GAP的推广和发展方面发挥着重要的作用，1993年台湾地区特别规划设计农产品安全用药“吉园圃”(GAP的音译)验证标章，并制定“农产品安全用药吉园圃标章核发使用要点”。“吉园圃”标签由农业化学物质和有毒物质研究所授予，台湾地区县市政府负责发布认证并且控制发放标签的数量。农业化学物质和有毒物质研究所负责检查和交换农户、行政官员和消费者之间的信息。2004年之后，台湾地区开始采用新的GAP标准，并建立了TAFTS——台湾农业和食品追溯体系。台湾地区GAP的推行主要由台湾当局、县市及乡镇有关单位组成推广工作团队，乡镇市区农会、公所、合作社协助申请验证及辅导工作；直辖市、县市政府受理验证申请、审查、核发管制标章及辅导工作。

台湾地区进行GAP认证的模式主要属于合作社一体化模式。台湾有一个“半官方半民间”的综合性合作组织，即台湾农会。台湾农会具有强大的组织能力，它将小农户组织起来，将土地、劳动力、技术、社会资本聚集起来以发挥规模优势，促进台湾农业的产业化。台湾的农业合作组织，即农业产销班，通过签订契约，统一利用资源，统一经营行为，群策群力，以创造竞争优势。台湾地区的良好农业规范推广正是依托其农业生产产销班进行的。依托农业产销班完善的组织结构、健全的信息网络，为台湾GAP认证的推广提供了一个良好的平台。

台湾地区的农民习惯于在他们的农业生产过程中进行记录，因为这样可以提高他们的管理效率，提高种植技术水平以及利润。因此，在GAP实际生产操作过程中，他们能够严格地做好各个控制点的记录工作，保证农产品的可追溯性。

泰国：泰国进行GAP认证的主要目的是为了保证食品的质量和安全。2002年9月25日，泰国发布了一个食品领域的食品安全和质量管理体系(QMS)，这一体系以良好农业规范(GAP)、良好生产规范(GMP)、HACCP、SPS、质量保证(QA)以及ISO method的概念为基础。泰国农业暨合作社通过设立政府-私人领域的工作小组来提高农业QMS。农业部作物工作小组为主要负责部门，负责构建一系列提高农业管理体系的观点和理念来确保作物、鱼类和牲畜产品的健康。泰国政府在 QMS 的早期阶段作为认证机构，以后审核由私人机构进行。

同时，泰国的公共-私人领域也发起了其他的食品安全倡议。Q-GAP 是泰国的国家 GAP 标准，是由政府特别是泰国农业暨合作社（MOAC）于 2004 年发起和推动的。符合国家 GAP 计划的农户在经过认证机构的认证后就可以在他们的产品上加贴 GAP 标签——Q 标签。而 Thai-GAP 是一个私人领域发起的 GAP 标准，这一标准设立开始于 2007 年，由泰国商会与西部 GAP 集群：Kasetsart 大学、Kampaengsaen 大学和私人领域开展合作形成。它由中小企业与预算办公室和产业部支持。这一标准使用以 GlobalGAP 标准为基础的规则和要求进行农产品的生产。

泰国 GAP 发展的一个特点就是政府和私人组织都在推广 GAP 的发展，其国家标准能够加贴 GAP 标签，这就大大减少了农产品市场上的信息不对称，有利于 GAP 产品的推广和发展。

马来西亚： 马来西亚政府为了扩大针对国内外市场的农产品生产，扭转贸易逆差，同时提高农产品的质量，提高农民（特别是小农）的收入，于 2002 年由马来西亚农业部（DOA）发布第一个 GAP 计划——Skim Akreditasi Ladang Malaysia（SALM），也称为马来西亚农业认证方案。马来西亚政府期望通过 GAP 来提高生产率，并希望从 2006 年到 2011 年获得平均 35.5%的蔬菜出口增长。这一计划包括两个部分：2002 年的 SALM 和 2003 年的 SOM。

SALM 是一个由马来西亚农业部发起的国家计划，马来西亚农业部与各政府相关机构的全面合作共同推广良好农业规范。SALM 主要是针对种植新鲜蔬菜和水果的农户而设立的，主要包括：FAO 关于 GAP 的草案文件、GlobalGAP 对于新鲜蔬菜和水果的协议、WHO\FAO CODEX 对于主要产品的卫生和新鲜蔬菜和水果保证的准则。经由 SALM 认证的农场有资格使用“马来西亚最佳”的标签。

2004 年，由马来西亚食品和农业标准委员会(ISCA)发起的，马来西亚标准部批准通过以 SALM 为基础的马来西亚良好农业规范(MAS-GAP)，将马来西亚的 GAP 标准上升为国家标准。MAS-GAP 于 2005 年 12 月正式发布，在马来西亚标准和产业研究所(SIRIM)下进行具体操作。马来西亚农业部计划引入 MAS-GAP 以在长期替代 SALM。

越南：越南的 GAP 最早是在 2000 年由瑞士进口促进计划(SIPPO)引进的，这一计划旨在支持越南农产品出口，帮助越南农产品进入欧盟和瑞士市场，并为农户提供相关信息和培训。但是，在随后的 4 年时间里，这一计划并没有促进越南 GAP 的推广和应用。越南农业中农产品质量差，种类少，生产成本高，生产方式不合理的情况一直都存在。因此，越南在许多国外机构的帮助下开展了一些 GAP 项目。其中包括胡志明市(HCMC) GAP 计划、前江 GAP 计划、VietGAP 等。

越南 GAP 的一个特点也是公共和私人部门共同推动。如前江 GAP 计划是一个非营利，非政府组织计划，由美国国际开发署(USAID)等国际组织赞助。它旨在在预定的程序下创建一个安全水果生产和贸易的联系，并且建立商标以及越南水果国内贸易和出口的市场策略。而越南良好农业规范(VietGAP)则是越南的国家 GAP 标准，该标准模式由加拿大政府资助于 2007 年正式展开，到 2013 年在越南全国范围内形成了采用该标准的 20 个项目。

越南在 GAP 的实际推广过程中遇到了许多困难，GAP 产品虽然价格高，但是生产成本也高，再加上越南农业基础设施落后，特别是缺乏有效的防实蝇技术，使得越南的 GAP 认证产品质量不高，无法满足国外市场需求，只能在国内销售。但是国内市场对于 GAP 认证的认知度低，缺乏必要的市场，这就使得越南农民对于GAP认证的热情大大下降，因为经过GAP认证所获得的收入还不如不认证时的收入。

东盟：在东南亚各国发展各自GAP的同时，东盟成员国开始发起一个区域性的GAP计划，即东盟(ASEAN)GAP计划。这一计划主要建立在诸如马来西亚SALM、菲律宾PhilGAP、印度尼西亚IndoGAP、越南VietGAP和泰国Q-GAP等各国GAP的基础之上，利用各国GAP发展的经验来整合东南亚地区的GAP标准，促进各国标准的跨境互认，提高这一地区的农产品贸易水平。东盟GAP设立了田间生产的标准规范，同时也设立了产品的加工和保证销售的规范。它涵盖食品安全、环境管理、员工健康、安全和福利这四个部分。每一部分可单独使用或者与其他部分相结合使用。

赞比亚：赞比亚发展GAP主要是为了出口，以应对欧盟日益严格的出口标准。

赞比亚的GAP发展主要是通过国内诸如合作社、国内企业与国外的组织机构合作来实现的。如赞比亚农业技术支持中心(ZATAC)建立了一个次级管理合作社即Lubulima农业商业合作社联盟(LACCU)与英国国际开发署(DFIF)合作共同推动赞比亚的GAP发展。LACCU是EurepGAP的主要推动者，而在进行EurepGAP认证期间，英国国际开发署(DFIF)提供资金和培训的支持，使得NZTT和NRI能够与LACCU合作构建一个农户自主运营的主要营销组织(PMO)，并解决在2005年9月之前引入EurepGAP的建立质量管理体系(QMS)的要求。ZATAC为农户提供贷款，帮助农户更新基础设施。

赞比亚在发展GAP的过程中的一个很大的优势是生产主体素质较高。赞比亚的农业生产者受过比较好的教育(基本都达到了高中学历)并且有在相对大型的农场工作的经验，同时基础设施离专业包装设备接近。同时，赞比亚的小农户拥有众多的收入来源,园艺出口并不是其主要的收入来源。但是,农户对于在作物生产过程中进行各种记录不是很习惯。农户们会填写一些与农场所有者直接相关的条款,而对于一些不太相关的信息则容易忽略。

肯尼亚: 肯尼亚引入 GAP 标准时为了应对欧盟各国的严格的农产品进口标准,扩大其农产品在欧盟的市场份额。

在 GAP 的推广过程中,肯尼亚政府发挥的作用显著。1997 年,肯尼亚的新鲜农产品出口商协会(FPEAK)的第一版实施规程引入肯尼亚。FPEAK 是应用 GlobalGAP 标准和发展肯尼亚 GAP 的主要推广者。2002 年肯尼亚开始修订对于蔬菜和水果的实施标准。2004 年,在欧洲非洲加勒比太平洋联络委员会(COLEACP)的协助下,FPEAK 开始发展自己的标准,将准则修订为 Kenya-GAP。2007 年 8 月,肯尼亚 GAP 实现了与 GlobalGAP 标准的对接。2008 年 12 月,肯尼亚的标准申请所有者,在对花卉、观赏植物和水果蔬菜的独立评估阶段,对于 GlobalGAP IFA v. 3. 0. 版的对接阶段。在发展 Kenya-GAP 的同时,肯尼亚政府同时发展了一些涵盖出口水果和蔬菜的培训和生产指南,并将其纳入 GAP。而肯尼亚政府和一些私人部门共同承担 GAP 制度的推广和相关内容的培训,这些培训包括园艺作物发展机构(HCDA)\日本国际协力机构(JICA)\农业部(MOA)等培训计划,内容包括质量管理体系(QMS)-ISO 9000、环境管理体系-ISO 14000 和 社会责任-SA 8000。

肯尼亚 GAP 主要包括以下内容:适应肯尼亚状况的国家表述的指南(包括在小规模和大规模生产者中和私人部门和公共部门的应用和发展);接受小农农业生产的良好农业规范;基于基本 GAP 应用的分散风险评估和风险管理;质量管理体系(QMS)模块(包含了通过超链接样本文件来引导生产者和出口商的内容);最小化重复;可适用于其他国家(基于供应链映射)。

墨西哥: 墨西哥农产品的主要出口国是美国,为了应对各类食品安全和质量问题，应对美国日益严格的进口标准，同时保持墨西哥农产品在北美市场的份额，墨西哥政府决定引进 GAP 标准。

为了确保农产品质量和食品安全，墨西哥于 1999 年建立"墨西哥最佳品质"(MCS)这一质量标志。到 2004 年 10 月 MCS 开始向 GlobalGAP 标准的质量标志靠拢，并且取得了 MSC-GAP。

"墨西哥最佳品质"(MCS)是一个由联邦政府和私人部门综合的，非营利的民事协会。MCS 标准不仅包括良好农业规范，还包括对在包装盒加工行业的良好生产规范进行品牌认证。其中经济部(SE)和农业、畜牧业、农村发展、渔业和营养部(SAGARPA)管理标签，管理标签执照，并监督认证主体和墨西哥官方标准的认证。同时经济部(SE)管理 MCS 执照的注册，SAGARPA 验证动物和植物检疫标准。

智利：智利较早的开始了与良好农业规范相关的活动，早在 1991 年 3 月，智利良好农业规范委员会(一个由公共和私人部门的代表构成公共领域的协调主体)建立，以帮助农业部构建在农产品生产过程中决定良好农业规范的政策。国家 GAP 委员会由农业秘书处主持，并且已经设立了对于水果，园艺和动物产品的 16 项 GAP 一般规范。1999 年，智利的水果发展基金会(FDF)发起了一个私人认证计划——智利 GAP。2008 年 2 月智利 GAP3.0 标准实现了与 GlobalGAP IFA 3.0 完全对接。

智利 GAP 的主要目标为智利新鲜水果和蔬菜产品的全球商业化提供支持。通过在智利实施良好农业规范，加强不同市场主体之间的信任。智利 GAP 在生产的所有阶段，对于所有的水果和蔬菜都适用，其内容包括食品安全、环境保护、员工健康、安全和福利、动物福利等内容。

智利 GAP 由 FDF 管理，FDF 的主要职责是保持对认证机构，咨询处，批准的培训人员和合格的智利 GAP 的记录，对于所有进行智利 GAP 标准认证的生产单位进行记录，传播技术文件和体系规则，组织所有项目供应商的校准讲习班和研讨会。

3.2 中外GAP制度的比较

3.2.1 土地制度比较

3.2.1.1 国外土地制度概况

美国是市场经济发达国家，其全部国土中私人所有土地占国土面积的58%，联邦政府所有，即国有土地占32%，地方政府(州政府)所有，即所谓的公有土地占10%。在美国，农村土地基本上属于家庭农场，约占各类农场总数的87%，而合伙农场占10%，公司农场占3%。这些大农场位于美国中部大平原，地域辽阔，农业机械化水平高。得益于美国土地产权明晰和土地市场健全，这些农场经过市场开拓和科技投入，以及生产要素向优势农业的集中，形成了现在的专业化和集约化的大农场[31]。

在英国，全部的土地从法律上都归英王和国家所有。但是拥有永业权的土地持有人实际上就是该土地的拥有者。因此，英国实际上是一个土地私有制国家，绝大多数土地为私人或法人所有，政府和公共部门的土地仅占到很小一部分。英国国土面积狭小，2005年人均耕地面积1.42亩*，与我国人均耕地类似。英国农业生产不同于美国，属于人多地少，因此英国十分重视农业土地生产率和单位面积产量的提高，通过不断提高农业机械化水平来提高农业劳动生产率。同时，政府不断通过立法、财政补贴等方式，限制地主权

* 1 hm^2 = 15市亩，以下同。

利，发展了自营农场，促进农业规模经营。英国的农业基础配套设施完备，机械化水平高，这保证了英国农业的高产出。

地处欧洲大陆西部的德国，土地绝大部分属于私有，除法律另有规定外，土地所有者对其土地包括地上和地下享有占有、使用、收益和处分等权利，可以自由交易。但由于农地的特殊性和农业发展的需要，德国对农地所有权的自由交易实行严格限制，以防止农地细碎化，防止土地集中到非农民手中，防止农业滑坡。德国的农业以中小家庭农场为主，家庭农场是德国农业的基础。但是，德国的家庭农场与工业联系紧密，农工综合一体化、产销一体化使得德国农业商品化率高，农业产出水平高。农产品加工业在德国农业中占据十分重要的地位。

日本现行的土地制度是土地私有制，在全国土地中个人所有土地占57%，法人所有土地占8%，国家和地方公共团体所有土地占35%，其中国家和地方公共团体占有的土地多为不能用于农业、工业或住宅的森林和原野。因此在可利用的土地中，私有土地占有很高的比例。日本是一个典型的地少人多的国家，日本农业经营规模小，兼业农户比重大，占农业人口的84%。但是，日本政府通过一系列政策，使得土地向较大的农户集中，通过土地市场流动促进土地的集中。在日本，农协负责主要的涉农事务，包括制定农业发展规划，建设农业基础设施，促进农业科技发展。经过多年发展，日本的小农经济因地制宜，发展了多种模式，提高了农产品的商品率。

在实行土地私有制的国家中，虽然各国的具体情况有所不同，但是土地私有化国家的土地的商品属性能够得以体现，土地财产权利能够收到保护。就市场结构来说，土地市场相对比较完善。特别是像美、英、德、法和日本等拥有较为发达的市场经济制度的国家，土地无论私人还是公共土地都可以作为交换对象，投入市场，进行交换，投入土地市场的交换的实体能够采取多种形态。在土地市场上交易主体比较平等，限制较少。在这些国家，由于市场比较活跃和发达，土地价格由市场供求关系决定，包括政府直接交易和政府购买私人土地都是按照市场价格来决定，不存在特殊。同时，在这些国家，由于土地产权清晰，流转制度健全，土地法律法规完善，使得农业资源能够向优势领域流动。像英国和日本等国，虽然农地规模较小，但是通过国家的政策和补贴，利用先进的农业科技，提高了农地单产率，也实现了农地的规模效应。

3.2.1.2　中国土地制度概况

当前我国农村土地实行集体所有，土地使用权从土地所有权中分离出来，并以此为基础形成农业（或土地）的双层经营体制，即实行以家庭联产承包经营为基础，统分结合的双层经营体制。家庭联产承包责任制是指农户以家庭为单位向集体组织承包土地等生产资料和生产任务的农业生产责任制形式。其基本特点是在保留集体经济必要的统一经营的同时，集体将土地和其他生产资料承包给农户，承包户根据承包合同规定的权限，独立作出经营决策，并在完成国家和集体任务的前提下分享经营成果。一般做法是将土地等按人口或劳动力比例根据责、权、利相结合的原则分给农户经营。承包户和集体经济组织签订承包合同。

家庭联产承包制下，广大农户以家庭为基本单位，以生产资料个体所有制为基础，完全或主要依靠劳动者自己的劳动，独立经营小规模农业，以满足自身消费需要。

土地的承包经营，分割了土地产权，“集体”继续占有土地所有权，农户则享有土地的使用权和收益权，即土地承包经营权。同时，我国现阶段农村家庭联产承包责任制下的农户家庭经济，农民以个体家庭为基本组织形式进行生产经营，家庭成员利益取向的同一性使得劳动的监督成本大大下降，农民生产的积极性显著增强。20世纪80年代的这一土地制度变革在当时极大地解放了农村的生产力，促进了我国农业的快速发展。但是随着我国生产力的进一步发展，特别是农业与市场进一步结合的要求，使得这种生产方式已经不适应当前的农业发展。

与国外的土地私有制相比，在我国，国家和集体是土地的所有权主体，但是具体到哪些属于国家，哪些属于集体，没有具体说明。而且集体概念较为模糊，法律对究竟是属于哪一个集体或哪一级集体所有没有做出相关的规定。这就导致了产权主体的虚置，导致了实际上的"集体所有制"表现为没有实际产权的集体所有。产权主体模糊导致了利益多元化，使得农民的使用权和经营权得不到有效保护，存在潜在的不稳定性。

同时，我国当前的土地流转机制不健全，影响了资源配置的效率。我国当前对于土地的立法存在不足，缺少明确规定有关的土地流转和相关法规和政策，存在法律空白。土地市场机制发育不完善，土地流转主要在农户和国家之间，导致了很大的垄断性和不公平，导致了农民利益的损害。政府在土地流转过程中存在着职能缺失，"以廉价土地换来地区发展"，低价收购农民土地，高价卖给开发商的现象十分普遍，农民的利益受到严重损害。

3.2.1.3 土地制度对于GAP实施的影响

首先，实施良好农业规范要求有相当数量的优质土地，要求广大农户在这些土地上进行集约化生产种植，并接受科学、系统和标准化的管理，如GAP标准要求使用过程需要对品种、地点、日期、人员、使用量、机械设备、安全间隔期等严格记录，并确保遵守安全间隔期的要求；施用的机器需要经过校准，保证施用量的准确；剩余药液的处理按规定实施；产品需要按期进行农残分析检测，能够满足国家法定标准限量及客户和产品消费地相关要求。

在美国，私人所有土地占国土面积的58%，联邦政府所有，即国有土地占

32%。在国有土地中,也有相当一部分土地不是由国家直接经营,而是通过租佃的形式由农场主经营。国有土地所有权掌属于国家,但是其经营权、处置权和使用权由农场主掌握。同时,美国的家庭农场已经发展为现代化、专业化的综合性家庭农场,进行规模化种植,实现了产供销一体化和农业生产经营的企业化。这些都为良好农业规范制度在美国的推广提供了良好而坚实的基础。

相比美国的家庭农场,当前我国家庭联产承包制度下的广大农户是典型的小农户,他们承包的土地规模小,经营分散。同时,我国农村土地的质量参差不齐,而集体内要求公平分配,就导致了地块细碎化,导致了农户的小规模经营,造成规模不经济,农业边际生产成本提高,农产品商品率低。土地数量和质量的限制,土地地块分散细碎的现实,使得我国在实现良好农业规范经营的过程中面临诸多困难。

其次,良好农业规范要求农业生产地远离污染源,要求有良好的排水和灌溉设备,施用的肥料有严格的限制,施用量有严格的标准。同时要求农地周围有相应的清洁设备和卫生的存储场所。

美国的农场普遍属于家庭大农场,经过许多年的发展,这种家庭农场已经发展成为现代化的农场,拥有良好的道路、灌溉等基础设施,拥有相应的清洁设备和存储场所,进行额外基础设施的投资成本很低。同时,由于农场主对其土地所获得的权利是稳定且有保障的,政府征地必须经过社区成员的首肯,这就保障了农场主对土地的权利,使农场主能够放心地对其土地进行投资。

对比美国的大农场主,基础设施的投资对我国的小农户来说根本无力承担,这也极大地阻碍了良好农业规范在我国的推广。

最后,良好农业规范在中国的推广,在当前的制度下面临着巨大的交易费用。一方面,农户分散经营,组织化程度低,决策高度分散。面对复杂多变的市场,农民往往处于信息劣势的地位,在市场谈判中处于被动,自身利益难以保证。而且,小农户在生产中还面临小生产与大市场的矛盾,产前、产中和产后脱节,出现"买难,卖难"的问题,导致单个小农户无法实现规模效应。因此,除了实施良好农业规范认证所必需的费用和基础设施建设的费用之外,小农户还需要面对巨大的交易费用。

在美国,农产局是一个旨在维护农户和农场主利益的非政府组织。其成立的目的就是通过全国性农民家庭的联合顺利表达自己的利益,为农户说话。农产局根据农场主的利益需求,确定自己的政策倾向。这是因为有农产局的存在,美国的农户的利益能够受到极大的保护,在 GAP 推广过程中就能够节省很大一部分交易成本。

另一方面,作为实施良好农业规范的主体——企业,在当前的制度下也面临着巨大的交易费用。企业进行 GAP 认证,就需要将分散的土地进行整合,将小农户集中起来,与小农户签订农业生产契约,进行集中管理和生产。虽然这种公司 + 农户的方式在一定程度上弥补了小农分散经营的缺陷,但是在实际运行中也存在着许多缺陷,特别是对小农户生产进行监督的问题。

企业将分散的小农户集中起来,与他们分别签订契约进行生产,这本身就需要花费相当大的谈判成本。同时,由于企业利润最大化目标与农户的个体利益目标不一致,常常会导致契约的失效,双方合作的破裂。这就使得企业需要对农户进行监督,就会面临一个巨大的监督成本。比如,有的农户为了增加产量而获得更多的收入,偷偷施肥、用农药,导致了产品最后在验收时不符合 GAP 标准,使企业面临巨大的损失。由于不能分别对单个农户进行监督,有的企业采取一种让农户自身监督或通过村子中较为有声望的人或组织进行监督的办法来解决这一问题。企业规定某一地区的好几个农户为一个生产区域，只要这一地区的农产品被发现不符合要求，就拒绝该地区的所有产品。这样一来，就能够促使农户之间进行互相监督，大大减少了企业对单个农户的监督成本。但是，这一办法也面临着威胁不可信的问题，即如果企业真的不接受该地区生产的农产品，企业就不得不多接受其他地区的产品，但是其他地区未必会有足够多的合格产品，企业自身也面临着对采购商的违约风险。另一种情况，就是企业委托村委会代替企业进行监督，凭借村委会的声望来监督农户。但是这种办法也面临着与村组织协商谈判的成本，交易成本也很高。

在当前制度下，作为良好农业规范认证推广的主体和农业生产主体的农户都面临着巨大的交易成本，因此，GAP 的推广在我国当前小农国情之下困难重重。

3.2.2 政府作用比较

3.2.2.1 不同国家和地区 GAP 认证中政府作用

欧洲作为 GAP 的发源地，EurepGAP(2007 年更名为 GlobalGAP)是标准和认证制度最为完善和先进的 GAP 认证体系。但是 EurepGAP 的建立是由具有民间团体性质的欧洲零售商协会发起的，并由欧洲零售商协会组织零售商、农产品供应商和生产者制定的有关农业生产的标准。凡是基于 GAP 标准进行认证的第三方认证机构必须得到 Food Plus 的授权。GAP 通过其技术和标准委员会(TSC)进行标准的制定、修改、完善。在 TSC 中，零售商代表和种植者代表各占一半，还有一些是来自农产品投入与服务行业的准会员。同时，欧洲零售商协会组织 GlobalGAP 委员会负责 GAP 的推广和发展。GlobalGAP 委员会下设董事会，技术委员会，认证机构委员会和诚信监督委员会，开设了 GlobalGAP 网站(http://www.globalgap.org/uk_en/)，为需要进行GAP认证的用户提供信息咨询。在欧洲,GAP的发展和推广主要依托欧洲零售商协会等的私人组织,政府并没有在其中发挥重要作用。

美国的USAGAP是在美国连续多次发生食品安全事件的情况下,由美国政府发起的。1997年5月,当时的克林顿政府启动了安全行动计划,制定了美国现代食品安全管理框架,并于10月实施“确保国内和进口水果和蔬菜安全”的计划。1998年10月,美国联邦食品与药品管理局(FDA)和农业部(USDA)联合发布《关于降低新鲜水果蔬菜中微生物危害的企业指南》[32]。1999年,FDA和USDA联合启动了国家GAP计划,以康奈尔大学为基础,与25个州合作,通过为生产者和包装者提供综合性培训和宣传来推广USAGAP。2006年5月3日,美国农业部市场服务局USAGAP在2007年7月1日成为强制性认证。USAGAP由农业部联邦食品检查服务局(FSIS)作为独立的第三方认证机构开展认证。同时,农业部农业市场服务局(AMS)参与管理,并负责将通过认证的企业和产品和产品名称公布到网站上。美国政府在USAGAP的发展中的作用主要表现为:为公众提供食品安全,发起GAP认证;制定相关法律法规,为GAP认证发展提供一个良好的政策环境;联合大学进行GAP的相关培训;农业部相关部门参与认证和监督,保证全国GAP认证的完整性、统一性和连续性。美国GAP虽是由政府发起,但在认证的推广过程中,政府只扮演着一个制度提供者和科技供应者的角色。

澳大利亚的GAP认证也属于零售商发起型。出于对食品安全的考虑,澳大利亚的零售商规定供应商必须经过第三方认证才能上市,通过第三方认证来推广实施GAP[33]。澳大利亚认为HACCP不适合种植业生产者,而EurepGAP不易操作,因此将HACCP与GAP相结合,针对澳大利亚农业实际创立Freshcare认证。Freshcare的推广主要由澳大利亚果蔬协会(FVI)负责。协会统一组织,成批检测,大大降低了认证的费用。同时,协会建立数据库,提供给政府和相关机构,实行农产品可追溯管理。澳大利亚政府在认证虽然不是由政府推动的,但是澳大利亚政府在GAP认证中却发挥了重要作用。首先,澳大利亚的食品安全管理部门采用分级管理,职责明确,宏观政策制定和地方政策实施分明,这大大提高了包括Freshcare认证在内的多种认证的认证效率;其次,像澳大利亚新西兰食品法规部长委员会制定澳大利亚农产品安全政策和技术法规,制定各种食品安全的法律法规,为认证提供一个良好的认证环境;再次,政府将大量的投资用于基础设施建设,如农场的GPS定位,农田耕作和灌溉管理,为认证提供了必要的基础设施,大大降低了认证的成本;最后,政府加大农业科技研发力度,将大量资金用于农业科技创新和研究,并依托行业协会为农户提供认证所必要的技术,信息的咨询和服务,并组织对农户进行专业的培训[34]。可以说,在澳大利亚GAP的推广中,政府干预较少,但是却对认证的推广和发展发挥了积极的作用。

日本GAP的推广和发展与日本政府密不可分。日本农林水产省与2005年3月发布了五年计划——《粮食农业农村基本计划》,明确提出GAP的制定和实施。同年4月,农林水产消费安全局发布了《制定和普及食品安全GAP的手册》,针对主要作物,制定生产流程图,为不同地区的不同作物制定自己的GAP提供参考。之后,农林水产省推出了《GAP入门》,用通俗易懂的方式向广大农户介绍GAP认证。2007年3月,农林水产省又发布了《基础GAP》,把GAP改称为农业生产流程管理,使之更具有亲和力。为了支持GAP的开展,政府颁布各种政策措施,如农林水产省于2005年4月发表《确保食品安全安心的补贴金实施纲要》,规定政府对各都道府县、市町村和产地实施GAP而进行的试点调查、购买资料、参加研修等一系列的相关活动进行补贴,每年给予不超过实际费用的50%。[35]日本政府在GAP的发展和推广过程中主要的作用是:首先,制定相应的政策,发起GAP认证,从保障食品安全的角度大力宣传 GAP 认证;其次,对进行 GAP 认证的主体进行补贴。如农林水产省给申请 GAP 的人发相应的补助金,对农协等的团体认证在认证时给予一半的补助金。鼓励团体认证,不鼓励单个农户进行认证;最后,通过农协这样的半官方组织,将分散的农户集中,使之能够发挥规模优势,并且通过农协对广大农户提供 GAP 相关的培训,为农户提供信息和技术的咨询。

我国台湾地区的 GAP 很早就被引入到岛内,1993 年台湾地区特别规划设计农产品安全用药"吉园圃"(GAP 的音译)验证标章,并制定"农产品安全用药吉园圃标章核发使用要点"。"吉园圃"标签由农业化学物质和有毒物质研究所授予,台湾地区县政府负责发布认证并且控制发放标签的数量。农业化学物质和有毒物质研究所负责检查和交换农户、行政官员和消费者之间的信息。2004 年之后,台湾地区开始采用新的 GAP 标准,并建立了 TAF-TS——台湾农业和食品追溯体系。台湾地区 GAP 的推行主要由台湾当局、县市及乡镇有关单位组成推广工作团队,乡镇市区农会、公所、合作社场协助申请验证及辅导工作;直辖市、县市政府受理验证申请、审查、核发管制标章及辅导工作。台湾地区相关行政部门帮助农户建立 GAP 认证相关的基础设施,为其他部门提供激励。台湾"农粮署"建立了标章使用者档案数据,供消费者上网查询。台湾信息产业研究所构建电控系统,提供教学课程,为农户提供培训。"农委会"农药所定期加强抽验,建立监督站,用于记录作物生长阶段的温度、亮度和湿度。

泰国国家 GAP 计划的发展是由政府特别是泰国农业暨合作社(MOAC)推动的。符合国家 GAP 计划的农户在经过私人认证机构或者政府认证机构的认证后可以在他们的产品上加贴 GAP 标签——Q 标签。当前,整个 GAP 认证过程都由政府实施,包括从设定标准到监管和咨询,最后到农场的实施和发布认证。泰国农业暨合作社(MOAC)授权国家农业商品和食品标准部

(ACFS)作为认证主体负责评估政府和私人组织，检测和认证农业商品和食品。同时，在泰国西部地区，区域性的GAP计划使用GlobalGAP标准发展出了Thai-GAP。泰国商会与西部GAP集群：Kasetsart大学、Kampaengsaen大学和其他私人领域开展合作形成。它由中小企业与预算办公室和产业部支持。在泰国的GAP发展过程中，既存在由政府主导的国家GAP标准，也存在由私人领域发起的GAP标准，但无论哪种标准，政府都在其中发挥了重要的作用。

肯尼亚GAP的发展主要以对欧盟的出口为目的，其标准以GlobalGAP标准为基础，最后发展成本国标准Kenya-GAP。肯尼亚国家食品安全委员会负责对国际食品法典委员会的食品安全准则的引入框架进行监督；而肯尼亚政府和一些私人部门共同承担GAP制度的推广和相关内容的培训，这些培训包括HCDA\JICAOA等培训计划。同时，肯尼亚政府发展了一些涵盖出口水果和蔬菜的培训和生产指南，并将其纳入GAP。在GAP推广的过程中，肯尼亚面临着小农户高认证成本的问题以及GlobalGAP标准负责不易为小农接受等问题。因此，肯尼亚政府推出了Kenya-GAP标准，简化了GAP规则，使得广大农户特别是小农户更易于接受。肯尼亚的认证计划受到了很多国际扶贫计划的支持，初始的认证能够得到这些国际项目的支持，但是由于GAP认证的长期成本很高，导致许多小农户的退出。为此，肯尼亚政府也会为一些小农户提供免费的认证认可服务，从财政和技术上支持小农户参与认证。

3.2.2.2 中国GAP认证中政府作用

中国良好农业规范这几年在中国发展迅速，政府在其中发挥了重要的作用。

首先由政府出面组织制定了良好农业生产规范标准及实施细则，并不断对标准进行修订和完善。我国于2003年4月,由国家认证认可监督委员会首次提出在我国食品链源头引进并建立良好农业规范体系。2004年,国家认监委结合国家质量监督检验检疫总局和国家标准化委员会等部门,开始标准的制定和编写,并在2005年12月联合发布了国家标准GB/T 20014.1-11—2005《良好农业规范》,于2006年5月1日正式实施。2007年8月,国家认证认可监督管理委员会对《良好农业规范认证实施规则》进行了修改,增加了茶叶和水产养殖类等认证项目,于2008年1月正式实施。

其次,加强了同相关国际组织的交流。国家认监委与EurepGAP签署了《认监委与EurepGAP/FoodPLUS技术合作备忘录》和《ChinaGAP认证体系与EurepGAP认证体系基准性比较问题谅解备忘录》,并且完成了ChinaGAP认证体系与EurepGAP认证体系基准性比较工作。国家先后将良好农业规范认证列入《国家食品药品安全"十一五"规划》《全国农业和农村"十一五"规划》《农产品出口"十一五"规划》《"十一五"质量监督检验检疫专项规划》《标准化"十一五"发展规划》,并于2007年正式写入中央一号文件。

最后,政府重视认证培训工作。国家认监委会同国家标准化管理委员会(以下简称"标准委")组织部分专家编写了《良好农业规范实施指南》等统一教材,并组织了检查员队伍的培训。

3.2.2.3 GAP认证中中外政府作用比较

在中外GAP发展过程中,由于各国的具体国情不同,政府在其中发挥的作用也存在差异。

从GAP制度的发起来看,GAP制度起源于欧洲,是在欧洲零售商协会等私人组织的推动下形成和完善的。而在GAP向世界其他地区推广和发展过程中,GAP制度的发起主要是由政府来发起,或是政府和私人领域共同发起。

欧盟和澳大利亚等国都是通过各自国家的零售商协会发起。欧盟和澳大利亚的零售商协会在食品出现安全问题时，意识到新的制度变迁的潜在收益大于制度变迁的成本，因此积极推动改革，变迁原来的制度。欧盟和澳大利亚的私人组织发展比较完善，其制度变迁的谈判和交易成本较低，因此GAP的发展可以由私人组织自下而上推动。

但是，在GAP制度在全世界的推广和发展过程中，GAP制度的发起主要由政府主导。由政府作为强制性制度变迁的主体，在推行制度变迁的过程中拥有规模经济，交易成本较低。当政府的预期制度变迁收益大于预期成本时，政府就会采取措施改变原来的制度均衡，推行制度变迁。在那些私人组织发展不完善或者私人组织推行制度变迁成本较高的地区，政府就成为发起和推动GAP的主体。同时，在日本、泰国等许多国家或地区，除了政府主导的GAP之外，还存在着私人领域的GAP标准，在GAP推广过程中将政府的强制力和私人领域的灵活自主性相结合，更好地推广GAP制度的发展。

在中国，GAP制度的推广和发展主要依靠政府的强制力。中国作为社会主义国家，政府能够在更短的时间和以更快的速度推进制度变迁。

从GAP制度的支持和保障来看，各国政府在GAP发展过程中发挥了十分重要的作用。政府是制度的供给者，是制度安排的"生产者"，也是宏观经济的调节者。政府在支持GAP制度的发展中主要发挥的作用有：第一，制定GAP标准和相应的法律法规，为GAP发展提供良好的制度环境；第二，通过投资支持农业基础设施的建设，加强农业科技投入；第三，为培养GAP认证方面的专业人员，对于认证主体的进行培训并且提供相关资讯；第四，一些国家还通过财政专项拨款直接支持认证主体参与认证，建设认证主体认证成本。

当前，我国在GAP认证的支持方面已经做了许多工作，但是面对我国的小农国情和农业发展不均衡的现状，政府依然有许多工作要做。

首先，GAP认证成本高，政府缺乏GAP的认证方面的专项补贴。其次，当前我国农民文化素质普遍不高，对GAP认知缺乏足够的认识，政府在对GAP的宣传和推广方面做的工作还存在不足。第三，由于缺乏相关法律法规的保护，在GAP认证过程中出现了许多农户退出的情况。政府没有针对GAP在推行过程中的法律，监管不是很健全，导致了在认证过程中频频出现违约情况，使得契约双方都缺乏一个稳定的契约环境。

3.2.3 组织模式比较

3.2.3.1 农业产业化的组织模式

良好农业规范认证作为农业标准化和农业产业化的重要手段，通过认证将农户与市场相联系，促进了农业市场化。良好农业规范通过第三方的检查认证和国际上统一的标准来协调农业生产者、加工者、分销商和零售商的生产、储藏和管理，将农业生产的产前、产中和产后三个过程相联系，做到全程的可追溯。同时，良好农业规范认证要求生产区域化、规模化和一体化，因此良好农业规范认证是农业产业化的重要组成部分，其组织形式主要采用农业产业化组织形式。

当前，众多学者对农业产业化的组织模式进行了广泛而深刻的研究，对组织模式的类型也进行了各自的总结。其中，张胜利(2010)从动态角度对农业产业化的组织模式进行了总结，对中外的产业化组织模式具有较好的概括性。

从动态角度，根据农业产业化发展的阶段可将其组织模式分为3种模式[36]。

第一种模式为龙头企业带动型，在不同地区随着农业产业化发展差异表现为“公司+农户”、“公司+基地+农户”、“公司+专业市场+农户”等几种模式。其特点是以龙头企业为主体，以一项或多项产品为依托，形成产、加、销一体化经营的组织模式，多表现为合同制和契约制，即所谓的“订单农业”。

这种模式下，龙头企业拥有雄厚的资金实力，有先进的管理和技术，对市场信息有着良好的了解，能够对农业基础设施进行大量的投资。企业凭借自身优势，通过与分散农户的结合，有利于促进农业市场化和农业产业化。同时，农户通过企业能够与市场相结合，借助企业进行现代化的生产运作，学习先进的管理理念。但是，这种模式下，龙头企业占据绝对优势，而农户往往处于弱势地位，这就造成了双方地位不平等。因此，在签订合同时农户处于被动地位，造成契约不稳定和利益分配机制不健全。在遇到市场风险时，企业可以轻易地将市场风险转嫁给农户，使得农户利益受到损害。在执行合同的过程中，由于双方的地位和信息的不对称，使得双方都有可能发生机会主义行为，导致合同的履约率低。从动态发展角度来看，这种模式属于农业产业化发展的初级阶段。

第二种模式是中介组织联动模式。这种模式是指农户通过各种中介组织（包括农村专业市场、供销社、农业协会以及农户的互助组织等）将生产的农产品与国内外市场进行连接，与公司的产、加、销环节相连接，形成以市场为导向，按照约定的利益联结机制，形成农工商一体化的产业链和一定程度的风险共担、利益共享的利益共同体模式。由于有中介组织的介入，通过中介组织将企业与农户相联系，减少了交易成本，降低了违约风险。但是这种模式下由于有中介组织的介入，导致了更加复杂的委托—代理关系，中介组织的利益和目标多元化导致了更为复杂的博弈关系，这在一定程度上又增加了交易成本。同时，中介组织在与企业和农户的博弈，由于企业可能的寻租行为和中介组织本身可能带有行政色彩，中介组织更倾向与企业联合。这样中介组织非但没有起到保护农户利益的作用，反而损害了农户的利益。这个阶段属于农业产业化发展的成熟阶段。

第三种模式包括合作社一体模式化和农工商综合体模式。前者有农民成立合作社，在合作社发展壮大后成立实体来加工、销售合作社内部成员（和外部成员）生产的农产品，从而实现农业生产的产加销和农工一体化经营。而后者指农业生产与农业生产资料的生产和供应或农产品的产加销过程中若干环节，纳入一个统一的经营内，融入一个企业综合体进行统一核算，形成完全垂直一体化的综合经营。这种模式下实现了完全垂直一体化的经营，农户与企业以及合作社成员的利益联结机制比较完善，各主体地位较为均衡，这在很大程度上降低了市场交易成本和组织内部交易场成本，能够产生较好的经济效益。处于农业产业化的完善和高级阶段。

3.2.3.2 不同国家和地区 GAP 认证模式

美国：美国的农业以生产组织形式以家庭农场为主，合作农场、公司农场为辅，其中家庭农场数量占农场总数的 89%，占耕地面积的 83%。在农业生产垂直一体化方面主要采用 3 种形式：一是垂直式一体化的农业公司；二是大企业或大公司与农场主签订契约式的一体化组织；三是大农场主自己成立组织进行加工和销售[37]。美国的 USAGAP 是管理新鲜蔬菜和水果质量和安全的重要手段，于 2007 年 7 月 1 日后成为强制性认证。推行 USAGAP 的主要模式正是采用了以家庭大农场为生产主体的合同制一体化模式，即“大公司 + 大农场”的组织模式。这种模式下大公司与农场签订契约，实现合同化生产，确保提供产品，保证服务的质量和数量。美国的家庭农场采用单一化经营为主导的专业化生产，生产的科技水平和机械化水平高，生产的农产品市场化程度高。许多农场主将部分产前农作物种子的培育、各种生产工具的供应，产中农作物生产以及产后的农作物加工、运输、销售等部分活动分解出来，让专门机构承担，实现合作化生产[38]。美国的这种模式下，GAP 认证的相关交易成本能够大大降低，利益联结机制完善，能够有效地推动良好农业规范的推广。

欧洲：欧洲的农业高度发达，农业产业化水平较高。德国、法国和荷兰等国都是世界上农业产业化水平最高的国家之一。欧洲国家农业也普遍采用家庭农场的方式进行生产，同时欧洲国家的合作社农业经济十分发达。因此，欧洲国家在进行农业产业化时主要采取合作社一体化模式。以法国为例，法国的合作社专业性很强，针对不同的农业类型，不同的农产品流通阶段都会有不同的专业合作社。同时，法国的合作社建立在家庭农场基础之上，家庭农场与合作社形成一种双层结构的合作。因此，法国在进行GAP认证时采用"公司+合作社+农户"的模式，企业与农户签订合约，以家庭农场为主体，通过农业合作组织，引导农民开展集体生产。

日本：日本经济发达，但是国土面积狭小，土地资源十分稀缺，因此日本的小农在农业中占绝对优势。日本在进行产业化经营时，主要采取"公司+基地"和"公司+合作组织+农户"的模式。"公司+基地"模式是以工商业为主体的垂直一体化经营，大企业通过购买土地从事农业生产，建立农产品加工场，利用农业科技成果进行产业化经营。"公司+合作组织+农户"主要是龙头企业通过与农场和农户签订合同、契约，委托生产。其中，农协等各种专业的合作组织通过有机的组织业务活动，在企业和农户之间建立联系。这其中日本农协发挥了十分重要的作用。日本的农协全称"日本农业协同组合"，包括综合农协和专业农协等形式。日本的农协是日本规模最大和群众基础最雄厚的合作组织，日本有97%的农户加入了农协，因此日本也成为世界合作组织最发达的国家之一。日本的农协实际上是政府为了对农业实施保护的而成立的一个行政辅助机构，农协参与制定农业政策，并负责执行农业保护政策。同时，农协代表广大农户的利益，与政府开展对话，提高农户的政治地位和社会影响力。此外，农协在农产品流通和农业信贷方面发挥着重要的作用，农协还会开展各种培训，指导农户，并为农户提供技术咨询。可以说，日本的农协在日本的农业发展中占据着十分重要的地位。当前日本GAP认证众多，如存在主要由日本农林水产省推动的基础GAP，各企业和地方推行的GAP，以及由日本GAP协会推行的JGAP(JGAP已经完成与GlobalGAP的国际互认)，进行GAP认证的主体是日本的家庭农场，而将这些小规模、分散的小农户组织起来的就是日本的农协。在日本，各种GAP的推广离不开农协的帮助，农协参与各种GAP推广政策的制定，并实际参与推广，为认证的农户提供技术的咨询和相关的指导，为农户认证提供补贴。正是在日本政府和农协的共同帮助下，为日本GAP的推广铺平了道路。

我国台湾地区：台湾的农业产业化模式主要属于合作社一体化模式。在台湾，有一个半官方半民间的综合性合作组织，即台湾农会。台湾的农会具有强大的组织能力，它将小农户组织起来，将土地、劳动力、技术、社会资本聚集起来以发挥规模优势，促进台湾农业的产业化。台湾的农会是行政当局与农民相联系的纽带，农会配合行政当局，帮助行政当局执行相关农业政策，但是农会也是农民利益的代表，处处为台湾农民的利益着想。除了农协之外，台湾的农业产销班也对台湾农业的产业化经营起着十分重要的作用。农业产销班是台湾为了应对台湾小农经济状况而成立的合作组织。农业产销班通过签订契约，统一利用资源，统一经营行为，群策群力，以创造竞争优势。产销班运作属于企业化经营，用市场需求引导农民供给，将初级农产品生产链条扩大，形成生产、加工、运输的产业链[39]。因此，台湾GAP认证的模式应该是属于“合作组织+农户”的模式，台湾农协组织农民以农业生产产销班为主体，依托农业产销班完善的组织结构，健全的信息网络，进行GAP产品的生产。同时，台湾农协为认证提供相应的技术、资金方面的支持。截至2003年11月底，有44%的台湾果蔬产销班即1524班已经通过“吉园圃”(台湾对GAP的音译)认证，“吉园圃”蔬果年产量44多万吨，占全台蔬果总产量的10%[40]。

肯尼亚：肯尼亚农业产业化模式主要与其经济发展水平相适应，属于龙头企业带动型，主要模式是“公司＋农户”模式。在进行GAP认证时，肯尼亚最主要的几家出口公司与小农户签订协议，按照GAP的要求进行生产。出口公司为农户认证提供44%的认证费用，并为农户提供咨询和进行培训。同时，一些公司还为小农户提供信贷支持。同时，一些国际资助项目也为肯尼亚的GAP认证提供资金支持。诸如美国国际开发署等国际组织还为农户的选择，基础设施建设提供支持。肯尼亚的这种模式也存在农户投机问题和企业的监管问题。由于肯尼亚农户收入水平较低，而GAP认证的成本很高，许多小农户会将一部分的农产品专卖给市场准入相对较低的市场，或者直接转卖给经纪人。企业由于监管成本过大，也不能很好地抑制农户的这种行为。在高成本的个体认证推行困难的情况下，肯尼亚一些地区也开始采用“公司＋合作组织＋农户”的模式，单个农户进行认证费用较高，许多农户选择通过诸如农业自助小组这样的合作组织进行认证。数据显示，团体认证在有公司和国际组织支持的情况下，每个农户的认证费用和维持成本分别为每年636欧元和178欧元，比单个认证分别节省80%和77%。但是，肯尼亚的合作组织发展还不是很成熟，GAP认证的主要模式还是以“公司＋农户”为主。

3.2.3.3 中国GAP认证的组织模式

与发达国家和地区相比，我国的农业产业化发展处于从起步慢慢走向成熟的阶段。同时，由于我国小农经济的特点，我国与国外发达国家在进行GAP认证时所采取的组织模式不同。当前，我国进行GAP认证的组织模式主要龙头企业带动型和中介组织介入型。前者包括“公司＋小农户”、“公司＋大农户”、“公司＋基地＋农户”，后者主要是指“公司＋合作经济组织＋农户”。

龙头企业带头型模式，将分散的农户集中起来，与农户缔结契约，结成产、加、销一体化的经济实体，规定利益均沾，风险共担。这种模式下，企业向农户提供一些生产资料，对农户进行培训，按事先约定的价格和形式向农户收购农产品。具体到“公司 + 小农”模式，龙头企业在农户平等、自愿和互利的基础上签订经济合同，明确各自的权责利，公司向农户提供产前、产中和产后的服务，按合同规定收购农产品。公司的加入带来了资本、技术和管理，也带来了应对自然风险和市场风险的能力，而且许多公司在进行 GAP 认证之前就已经有绿色产品或者有机产品认证经验，减少了 GAP 认证的学习成本。这一模式是我国推动 GAP 认证的主要模式。但是“公司 + 小农户”却存在许多问题和缺陷，首先，由于双方利益联结机制不完善，导致履约率十分低(据相关调查，“公司 + 农户”模式的双方履约率不超过 10%)。其次，由于龙头企业在资本、技术和信息方面拥有绝对优势，这就导致了双方市场地位不平等和信息的不对称，企业可以凭借其自身优势将市场风险转嫁给农户，分散的农户的利益就会受到侵害。最后，同样因为信息不对称，农户也存在严重的机会主义行为，为企业带来了巨大的监督成本。因此，这种模式下，公司与农户这两个不同利益主体的结合，没有真正形成风险共担和利益共享。

“公司 + 大农户”模式，是在“公司 + 小农户”的基础上，根据出现的履约率低，监管困难的问题做出的改进。公司从分散小农户租用土地，然后倒包给少数几个农户种植，即“转租倒包”，或者公司直接与大规模农户合作。这种模式在一定程度上提供了履约率，节约了管理监督成本。农户的地位也得到了提高，利益得到了一定的保障。但是这种模式没有改变公司和农户是不同利益主体的现实，没有形成一个完善的利益联结机制，没有从根本上解决“公司 + 小农户”模式的问题。

“公司 + 基地 + 农户”模式，这种模式一部分由我国以前的国有大农场转化而来，一部分由地方政府或国有企业在农业产业化过程中建立，数量虽少，但代表了中国目前最先进的农业生产组织形式，属于资本密集型农业。这种模式特点是公司自有农业生产基地，雇用人员进行农业生产，有时公司也雇用附近的农民协助生产。这种模式将部分农民转变为产业工人，将农业生产转变为企业生产链的一个初级环节，实现了一定程度上的一体化经营，有效解决了“公司+农户”模式下不同利益主体外部组合而导致的“委托—代理”问题。但是这种模式以大农场为载体，不符合我国小农国情下推广GAP的要求。

“公司+合作经济组织+农户”模式，这种模式下，农民专业合作社将分散的农户组织起来，将生产的农产品与国内外市场进行衔接，与公司的产加销环节相连接，形成以市场为导向，按照约定的利益联结机制，形成了农工商一体化产业链和一定程度的风险共担，利益共享的共同体。农民专业合作组织所有制和服务对象是社员，社员直接参与分配，这大大提高了社员的积极性。社员间信息对称，减少了机会主义行为和管理监督成本。农民专业合作组织代表农民利益与企业进行博弈，这能够很大程度地改变企业与农民之间的地位，同时也提高了抵御自然风险的能力，维护了农民的利益。但是，这种模式也存在一定的缺陷，需要不断改进。由于中介组织介入，就导致了双重“委托—代理”关系，使得博弈关系复杂化。理论上，中介组织是农户利益的代言人，但是在实际中，中介组织有可能作为独立的利益主体存在，因此有可能在企业与农户之间发生寻租行为。同时，有些中介组织由于产权不清，有可能会损害农民的利益。

当前，中国在推行GAP认证时，还不可能实行像发达国家那样的农工商一体化模式，也没有像日本农协一样有一个能推动整个农业产业化的组织。因此，我国要在小农国情下推广良好农业规范认证，就必须大力培育龙头企业，积极扶持和发展农民专业合作组织，不断完善相关的法律法规，完善组织内部机制，使得合作组织成为农民利益的维护者。

3.2.4 流通模式的比较

3.2.4.1 发达国家和地区农产品流通

良好农业规范的认证是一个从农场到餐桌的整个食品链的安全保障认证。它不单单针对农产品的生产环节,还针对农产品的包装、运输和贮藏等流通环节的一系列关键步骤进行控制,以保证农产品从生产到最后的销售的整个环节的食品安全。因此,农产品的流通对于良好农业规范认证的顺利进行也是至关重要的。

农产品流通是连接生产与消费的桥梁,决定了生产产品的价值能否实现。它以满足消费者的农产品需求为目标,把农产品市场供求状况统一起来。农产品流通包括农产品的运输、仓储、装卸、包装、整理、配送、信息处理以及最后的销售一系列活动。由于各国的国情和农业特点,农产品流通呈现不同的特点,当前世界上的农产品流通模式主要有 3 种:西欧模式、北美模式和东亚模式[41]。

西欧模式:西欧模式以法国、荷兰、意大利、西班牙和德国为代表。西欧模式中,农产品流通参与主体主要是流通合作社。像法国的流通合作社将收购的农产品进行食品加工,再销售,其营业额占全国一半以上。丹麦 3/4 的出口量都是由合作社完成的。可以说,在西欧模式中,农业合作社是农产品流通的主要力量。同时,西欧模式的主要流通场所是公益性批发市场。西欧国家的批发市场相比东亚模式规模较小,而且大多数批发市场坚持公益性原则。其中,像荷兰的拍卖公司就是一种独特的组织形式。在荷兰的拍卖市场,那些经过分级、包装运送等过程的农产品采用竞价拍卖的方式出售。同时,在拍卖市场的附近,设立有农产品和食品中转站,货物首先集中至中转站,再从中转站进行配送到各零售商。其大致流程如图 3-1 所示。

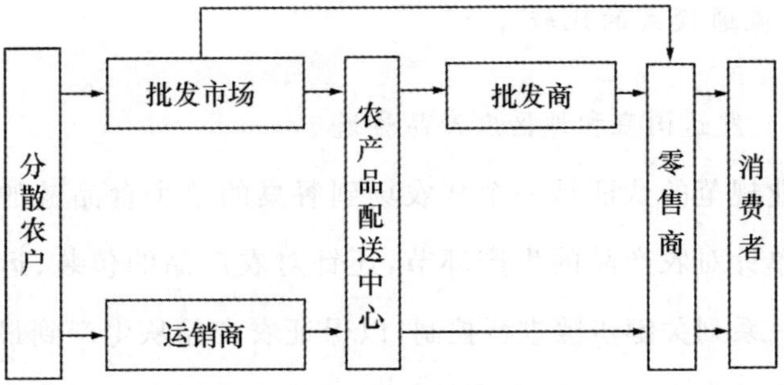

图 3-1　西欧农产品流通模式图

经过分类、包装的产品最终被送至零售商手中，再由零售商出售给消费者。西欧的零售商一般以大型连锁超市的形式存在，这其中包括了世界上五大超市集团中的 4 家，法国家乐福、英国德士克（特易购）、荷兰 SHV 公司、德国艾德卡公司。这些超市对于农产品的安全和新鲜度都有很高的要求，因此，那些没有经过农产品安全认证的产品很难进入欧洲国家的超市。那些从国外进口的农产品必须经过严格的检测才能进入超市，以保证欧洲消费者的利益。

在这样一种流通的过程中，需要有十分强大的信息网络。西欧国家之间拥有发达的信息网络系统，地区和国家间农产品流通十分活跃。像荷兰的花卉中心拥有世界最先进的电子拍卖系统，采用电子交换信息和订货系统。同时，欧洲消费者对与农产品安全度和新鲜度的要求，使得欧洲的冷链运输和冷冻行业十分发达，冷冻存储技术十分先进。依托于先进的信息和冷冻技术，依靠大量的农业合作组织，西欧模式建立了一个稳定、灵活和高效的农产品销售网，形成了一个畅通的流通渠道，为农户提供了稳产、增收的保障。

北美模式：北美模式以美国和加拿大为代表。北美模式的农产品流通参与主体包括批发商、零售商、代理商、经纪人和农产品加工商，这些主体占销售额的 60%。此外还有农场主参加的各种专业销售合作社和有政府的农产品信贷公司。北美模式的主要特点是大型超市、连锁店与农产品直接对接,实现直销,直销比例大约占80%。绝大多数农产品通过大型超市和连锁店来销售,而这些超市和连锁店往往规模庞大,有些甚至还有自己的采购、配送中心和属于自己的农产品生产基地。美国大农场生产的农产品直接供应零食商,因此可以大大减少流通环节和流通费用。美国零售商实力强大,其批发商也一般是大型企业。这些企业不仅从事农产品批发,而且还进行农产品的收购和加工。由于美国超市和连锁店的发展,农产品批发市场在美国农产品流通过程中的比例就相对较小,但是仍然有大约半数的产品由批发市场进入销售终端,而且批发商的经验规模化。因此,北美模式的农产品流通模式大致如图3-2所示。

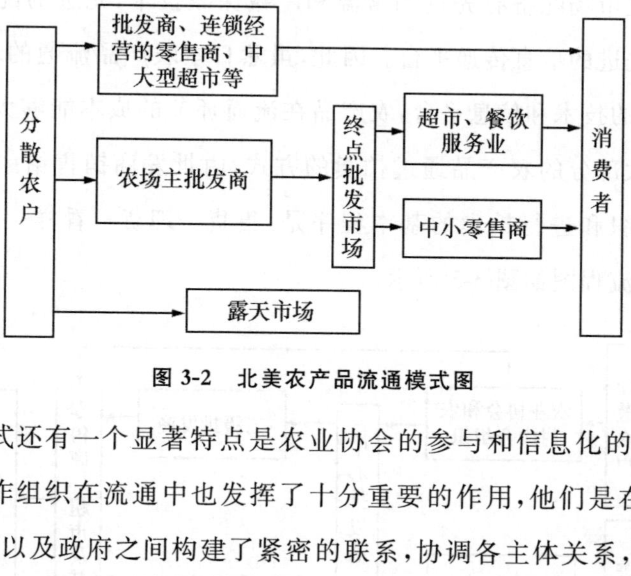

图3-2 北美农产品流通模式图

北美模式还有一个显著特点是农业协会的参与和信息化的程度高。美国的专业合作组织在流通中也发挥了十分重要的作用,他们是在生产者、批发商、消费者以及政府之间构建了紧密的联系,协调各主体关系,提供信息交流和咨询服务。而且,依托于美国先进的农业技术和信息技术,美国构建了一个完善的信息化网络,大大节约了农业流通的成本。与欧洲一样,美国也拥有先进的冷藏技术,冷藏运输率高达80%~90%。此外,美国进入流通的农产品一般是经过精加工的,很少会以初级产品形式进入流通。

东亚模式:东亚模式以日本、韩国,以及我国台湾地区为代表。东亚模式中,无论是日本和韩国,农协在农产品的流通中发挥了至关重要的作用。特别是日本的农协,作为一个半官方的经济组织,是组织农产品进入流通领域的关键。农协将散户集中组织起来,增强了农户在农产品市场上议价的能力,保障了农户的利益。农协为农户构建信息平台,及时传递农产品购销信息,引导生产。当前,日本已经有97%的农户加入农协,90%的农产品由农协销售。在东亚模式中,批发市场是农产品流通的主要渠道,农产品拍卖则是农产品流通的主要手段。当前,日本的农产品流通已经形成了以批发市场为中心的一套高效便捷的体系。日本的批发市场分为中央批发市场和地方批发市场,批发市场配备有先进的常温和冷藏保藏技术,先进的配送和深加工设施,以及先进的信息传递平台。因此,虽然日本农产品流通的环节较多,但是依靠先进的技术和信息平台,农产品在流通环节的成本能够大大降低。在批发市场,大部分的农产品通过拍卖的方式,由批发商销售给中间商和其他购买者。组织和进行拍卖的基本程序是:集货—理货—看样—拍卖—交割。东亚模式的流程图如图 3-3 所示。

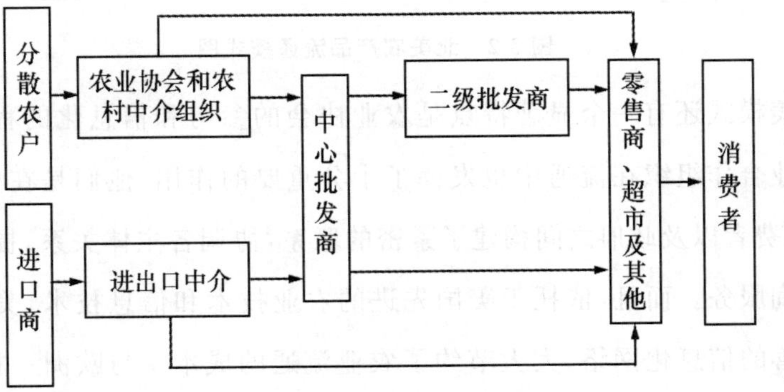

图 3-3　东亚农产品流通模式图

此外，像日本的农产品流通还有一个重要的特点是政府在农产品批发市场发展过程中起了十分重要的作用。政府不断出台各种法律法规，来规范农产品批发市场的健康发展，使得日本农产品流通体系规范化和法制化。

3.2.4.2 中国农产品流通

中国的农产品流通经过改革开放30多年的发展，已经取得了一定的成效，农村产品“卖难”问题得到了一定程度的缓解，基本形成了以市场为导向、多渠道、多种经济成分、多种经营方式和多种经营环节的农产品流通格局，但是与国外先进的农产品物流相比还有着很大的差距。

首先，当前我国农产品的流通主体有农民、农业经纪人、运销商贩、农业中介组织、农产品加工企业等。而这其中，农民是我国农产品流通的主体，因此我国的农产品流通面具有小生产大流通的特点，面临着“小生产”与“大市场”的矛盾。由于我国小农规模小而分散，信息闭塞，在流通中往往处于弱势地位。农户在农产品流通中的交易对象是偶然的，随机的，能与买方建立稳定的契约关系的农户较少。即使建立契约关系，又由于没有形成相应的利益联结机制，这就造成了大量的违约行为，最终导致了农民利益受损。同时，由于对于农产品市场信息缺乏，广大农户无法预测产品市场价格，面临着巨大的市场风险。因此，作为我国农产品流通主体的农户，在流通中利益得不到保障[42]。

其次，我国当前的农产品流通环节过多，导致了农产品流通成本巨大。我国农产品流通的模式基本如图3-4所示。

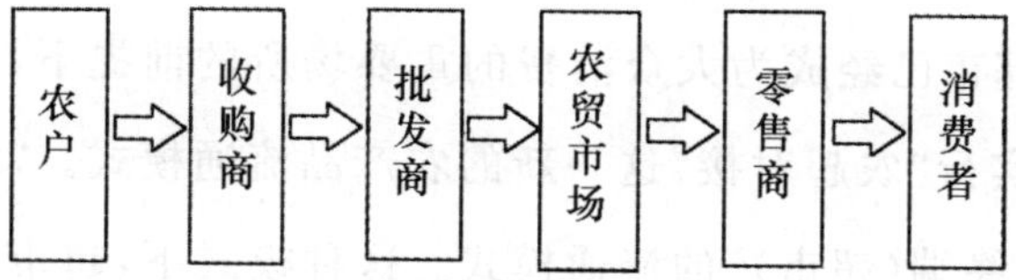

图3-4 中国农产品流通模式图

农产品流通从最初的农户到最终的消费者一共经历了6个环节，这样一种多级批发零售的流通模式，导致流通环节过多，流通链过长。而且，在流通中，由于每个环节的流通主体都是独立个体，都要追求利益最大化，这就导致了每经过一个环节，农产品价格就会被抬高，因此最终到消费者手中的农产品的价格比收购商收购农产品的价格要高出许多。消费者和农户的利益都受到了侵害。

最后，我国农产品物流基础设施落后，物流信息化程度低。我国农产品流通仍然是以原产品和初加工品为主要流通客体，而初级产品在流通过程中易损坏、易腐烂。同时，由于在流通过程中缺乏对农产品的深加工，这就导致了农产品的附加值低，其价格也相对较低。当前，批发市场和农贸市场是我国农产品流通的主要载体，而当前大多数农产品批发市场和农贸市场仍然是简易的露天大棚，没有必要的冷冻存储设备和相应的保鲜基础设施，这就造成了农产品在流通中的变质和损失，不但造成了巨大的浪费，还增加了农产品的物流成本。我国的鲜活农产品在收购、运输、储运等环节的损失比例高达30%左右，而发达国家只有不到10%。此外，我国农产品流通缺乏一个专业和权威的生产流通信息发布平台，这就造成了广大农户，特别是偏远地区的农户对农产品市场的信息不对称，导致了我国农产品流通缺乏效率和稳定性。

3.2.4.3 中国农产品流通中的“农超对接”模式

由于传统的农产品流通模式存在“流通链长、流通久、消耗大”，中间商加价严重，污染程度高和可追溯差的弊端，我国开始改变传统的农产品流通模式。特别是在超市已经成为大众消费的重要场所的前提下，我国从2008年之后开始试点实行“农超对接”这一新的农产品流通模式。“农超对接”指的是“农户+零售终端（超市）”的流通模式。这种模式下，超市作为零售终端，与农民合作组织直接开展联系，以“直供”或“直采”的形式对接农产品。

超市凭借自身的经济、管理和信息优势参与农业生产加工和流通过程，为农业生产提供服务，有效链接农户和市场，大大减少了流通环节，节约了流通成本。同时，超市能够制定严格的农产品质量标准，建立农产品的可追溯体系，有效地保障了超市农产品的质量。GAP认证的农产品安全质量有保障，但是相对价格也较高，属于“质优价高”的农产品。由于产品不贴标签，普通消费者无法加以区别，因此一般的批发市场GAP产品没有销售渠道。而大型超市对于销售的农产品有严格的质量标准，有的超市甚至规定进入超市的农产品必须符合GAP认证或者绿色认证等标准，这就决定了经过GAP认证的农产品只有进入超市才有市场。因此，要推动和发展中国的GAP，必须积极推动GAP产品进入超市，实行“农超对接”。

3.2.5 中外农产品消费者比较

3.2.5.1 影响消费者购买GAP品的因素

消费者在农产品市场的消费受到包括个人偏好、职业、家庭结构、学历水平等等的影响，在诸多因素中，最为主要的还是食品安全和价格收入，但在GAP产品方面，消费者尤其是欧洲的消费者，环保理念也是一不可忽视的重要因素。

随着人们生活水平的提高，经济收入增加，人们对于食品类支出的比例减少，开始更加关注生活品质，因此更加关注农产品的安全和质量问题。同时，社会上各种食品安全丑闻不断被曝光，一段时间内让人“谈食色变”，导致普通消费者开始更多关注自己消费的农产品的安全和质量。但是，消费者作为理性经济人对于价格十分敏感，消费者总是在既定的收入约束下追求个人利益最大化，所以家庭收入状况和农产品价格状况会共同影响农产品消费者的行为。

消费者在购买农产品时，总是在自身的收入条件下对农产品的食品安全和价格进行权衡选择。而在这种选择过程中，由于市场存在信息不对称，消费者的食品安全意识，消费者对于农产品标准的了解程度，食品安全法律法规的执行程度都会影响消费者的实际购买行为。在收入一定的情况下，消费者对食品安全意识越高，对安全绿色的农产品偏好就越高，即使价格相对较高也会倾向与选择经过认证的安全农产品。此外，消费者即使愿意购买安全农产品，但由于消费者缺乏对于这些农产品的基本了解，或者即使了解但市场没有准确的信息将其与普通农产品加以区别，消费者在实际购买时会更倾向于考虑价格因素。食品安全的法律法规的执行对于消费者的消费行为也很重要，法律法规的执行，食品安全的监管如果不严，就会严重打击消费者对于农产品安全的信心，影响消费者的实际消费。

因此，本节将从不同国家的收入水平，消费者安全意识，安全农产品认知状况和食品安全法律法规等影响消费者行为的角度进行比较，来说明中外消费者对于像良好农业规范认证的农产品的消费行为。

3.2.5.2　国外农产品消费者行为分析

欧盟： 从消费者的收入水平来说，欧盟 2013 年人均 GDP 为 34 038 美元，消费者收入水平较高，生活相对富裕，消费者更关注生活质量和生活品质。因此，欧盟消费者在购买农产品时会更加看重农产品的安全和质量因素，对价格较高的安全农产品的溢价支付意愿较高。

良好农业规范起源于欧洲，欧洲的消费者对于食品安全十分敏感，有较高的食品安全意识与食品安全需求。20 世纪 90 年代的一系列食品安全事件，疯牛病、二噁英和食物中的沙门氏菌等食品安全问题引发了欧洲消费者的恐慌，动摇了消费者对于食品安全的信心。同时，转基因食品迅速发展，使得消费者开始从食品本身的关注转向对食品生产过程的关注。甚至在有些欧洲国家，食品安全问题还是一个十分严重的道德问题，如2006年在德国慕尼黑的一家土耳其烤肉店发现过期腐肉，导致这家烤肉店受到了各方媒体的“口诛笔伐”，受到了各界的谴责，公司老板最后不堪重压而自杀。这一点意味着，在食品安全领域，失信就意味着身败名裂。

为了应对各种食品安全问题，欧盟相继出台各种法律法规。如发布《欧盟安全白皮书》，建立快速反应预警系统，颁布《欧盟食品及饲料安全管理法规》，要求满足食品安全可追溯性。建立了快捷的信息发布制度，与消费者建立沟通，及时发布食品安全信息，加强了与公众的交流。在加强法律法规建设的同时，欧盟还建立了严厉的惩罚机制，对违反食品安全的企业处以巨额罚款。正因如此，欧盟消费者对欧盟内部的食品安全环境相对较为放心，在购买农产品时会更倾向于安全农产品。

欧洲的农产品最终销售渠道是大型超市，农产品要进入超市必须经过严格的检测，符合苛刻的安全卫生标准。欧洲绿色农产品和有机农业发展迅速，而良好农业规范这些年也已经成为农产品进入超市的“必要条件”，经过GAP认证的农产品虽然不贴标签，但消费者出于自身的食品安全意识和对超市农产品高标准的信赖，也会倾向于购买。

美国：从美国消费者的收入水平来说，美国2013年GDP总量达到161.979 6万亿美元，居世界第一，人均GDP为48 387美元，居世界第十四位。由于美国的消费税制度，使得美国税收相对较低，美国消费者有更多的可支配收入。而美国由于农业技术先进，机械化利用率高，流通环节少，农产品生产成本较低，所以美国农产品物价水平较低。像有机农产品价格是一般农产品价格的3～4倍，但在美国消费者看来，只要是能够保证食品安全和质量，这也是可以接受的。因此，像GAP认证和有机认证的农产品在美国能够受到广泛的认可。

美国是世界上对食品安全监管最严格的国家之一，但是最近的一系列食品安全事件使得广大消费者开始更加关注食品安全。此外，由于美国的消费文化，使得美国的消费者更加注重生活品质，在农产品购买中更倾向于安全健康的农产品。

美国通过发布《食品、药品和化妆品法》《公共卫生服务法》《产品责任法》保障美国食品安全。2002 年美国更是通过了《生物反恐法案》，将食品安全提高到国家安全战略高度。在食品监管方面，美国建立了三级监管体系，对农产品生产从生产到销售的全过程实行全方位监督。实施食品召回制度，建立可追溯体系，强化第三方认证和检验。美国对于食品安全问题的处罚十分严格，食品安全的违法者不仅要承担对受害者的民事赔偿，还要受到刑事处罚。企业如果被查出有食品安全问题，将面临巨额的罚款。此外，在食品安全的监管过程中，美国十分重视消费者的知情权，强调保持每一项政策制定过程中的透明性。建立了一个食品安全信息发布平台，加强与消费者的互动。正因为美国有健全的食品安全法规，严格高效的食品安全监管，公开透明的信息发布平台，消费者才能够获得更好的食品安全环境，在购买农产品时消费者就会有足够的信心。

日本：从消费者的收入水平来看，日本 2013 年 GDP 总额为 5.997 32 万亿美元，人均 GDP 为 40 442 美元，属于高收入国家。日本国内物价水平较高，普通农产品价格水平也比较贵，但是日本消费者更愿意为安全和健康支付相对较高的价格。根据 2009 年对日本消费者的调查显示，日本人更注重健康、安全和娱乐方面的消费，具有很强的环保意识。虽然经济危机过后，日本消费者开始变得更为“节俭”，但是同时消费者也开始变得更加理性，特别是对于农产品的消费，他们更多考虑安全和健康，在溢价合理的情况下，更多的消费者愿意接受类似有机和 GAP 认证的农产品。

从消费者意识方面，日本的消费者从20世纪50年代以来，就开始逐步形成强烈的食品安全意识。日本在20世纪50—60年代，经济经历了高速的增长，但是在那段时期也出现了许多诸如森永“毒奶粉”事件、地沟油危机等一系列重大的食品安全事件。正是由于这些食品安全事件，使得日本的政府和日本的消费者十分重视食品的安全问题，消费者自发成立各种组织，向政府部门施加压力，要求改善食品安全环境。这种对于食品安全的关注从2001年日本疯牛病事件的发生变得更加敏感。原来的食品监管受到了广大消费者的质疑，政府部门迫于消费者的压力开始对食品安全领域进行重大的调整。可以说，日本的消费者不但有很强的食品安全意识，而且还能够通过自身的能力推动政府对食品安全问题的改革。

日本以1957年的“毒奶粉”事件为契机，大幅修改了食品卫生法，相继出台了《消费者保护基本法》《食品安全法》保障产品安全。2003年之后，政府对《食品安全法》进行大幅度修改，设立食品安全委员会，加强食品的检测，确保食品符合标准，最终形成了一套行之有效的食品监管体系。同时，建立产品可追溯体系，构建与消费者的信息交流平台，加强与消费者的互动，对消费者开展安全教育，为消费者设立专门的信息交流渠道。此外，日本对于食品安全的违法违规行为处罚十分严厉，受到处罚的个人和企业不仅要受到经济罚款和刑法处罚，还要面对强大的社会舆论压力，受到道德上的谴责。因此，日本有一个良好的食品安全环境。

3.2.5.3 中国消费者行为分析

从消费者收入水平来说，据统计，2013年我国GDP总量居世界第二，人均GDP为6 767美元，已属于中等收入国家。我国的消费者收入增加，生活水平提高，在食品消费方面，消费者也从基本的填饱肚子向追求更健康、更营养和更安全的饮食转变。广大消费者开始更加注重食品的质量和安全。

在食品安全意识方面中国自古就有“民以食为天，食以安为先”的俗语，然而自2006年以来，诸如“瘦肉精”事件、三鹿奶粉三聚氰胺事件、“毒大米”“毒豇豆”一系列食品安全事件，才让普通消费者的消费者开始真正重视起食品的安全问题。当前，国内许多学者也对我国消费者的农产品质量安全认知开展了广泛的调查，冯忠泽、李庆江(2008)[43]对于全国七省九市开展了调研，在所有的问卷中，有92%的消费者表示重视食品安全问题，“经常关注农产品质量安全的新闻报道和相关信息”。靳明、赵昶(2008)[44]年对浙江省绿色农产品消费额状况进行了调查，调查显示消费者在购买绿色农产品时，72.8%的人都是出于食品安全的考虑。因此，当前我国消费者的食品安全意识逐渐提高，这对于像经过GAP认证和有机认证这样的安全农产品提供了一个很好的市场契机。

在食品安全法律法规和法律监管方面，中国自1980年开始到2009年《中华人民共和国食品安全法》出台，我国在食品安全监管方面主要是分散监管。在此期间，负责食品安全的监管部门有包括农业部、质检总局、工商总局和卫生部等十多个部门。这些部门分散监管食品安全，彼此监管职责划分部门，在出现食品安全事件之后，各部门都互相推卸责任，谁都不会站出来承担责任。各部门协作不强，责任不明确，这就导致了在追究最终责任时出现盲区。分段监管的漏洞，使得一些不法商家“钻空”，导致食品安全事件频发。此外，这段时间的食品的标准很少变动，也为一些不法商家提供了可乘之机。在对违反食品安全的处罚，罚金一般为支付款项的10倍，不足以达到惩戒的目的。在现实中，由于违法成本低，而维权成本高，这就导致了食品安全事件层出不穷。虽然消费者有着日益提高的食品安全意识，但是由于法制不健全，监管不力，处罚不严，消费者在实际购买中并不能完全放心地购买食品，特别是有些产品贴假的标签冒充认证的安全农产品。在这样的食品安全环境下，消费者在实际购买农产品时,对于购买到的农产品是否真的安全存在疑虑,这大大影响了认证农产品的市场。

当前,我国的消费者对于认证农产品的认知存在不足。在马骥、秦富(2009)和王芳、李欣(2007)对于山东、河北和四川三省大中城市消费者的调查结果显示,消费者对于不同的认证农产品了解程度不同,其中对于绿色农产品和无公害农产品的了解的人相对较多,许多人也能够正确识别标识。但是对于有机认证了解的人较少,许多人还不能正确识别有机认证的标识,更不用说对于这几样认证农产品的认证等级进行分类。在调查的消费者中,选择会购买绿色和无公害食品的消费者占了大多数,而选择有机农产品的数量就显得很少。绿色农产品和无公害农产品由于在国内发展时间较长,加上相应的宣传,在消费者心目已经形成了一定的影响力。而我国的有机农产品发展之初主要是为了出口,满足国外市场,最近今年才在国内市场销售,在国内并不为广大消费者认知和认可。同样,作为最近几年才发展起来的 GAP 认证,首先是为了满足公司的出口,在国内市场的销售比例较少。政府对于 GAP 认证也没有相应的宣传和推广,广大消费者对于 GAP 认证的农产品知之甚少。而且,GAP 产品不能贴标,消费者不能够将它与无公害和绿色农产品加以区别,有的 GAP 产品只能按照绿色农产品来销售,不能体现 GAP 产品的特点,严重影响了消费者对于 GAP 产品的消费。

还有一个影响我国消费者购买认证的安全农产品的因素是农产品的价格。那些认证的农产品为了保证安全和健康,需要额外的成本投入,因此,在市场上的价格会比较高。像一般的有机认证农产品价格是普通农产品价格的 2～3 倍,GAP 认证的农产品的价格也远远高于一般农产品。中国消费者收入水平虽然有所提高,还是离欧美日发达国家有很大的差距。而且中国当前贫富差距很大,许多消费者在购买农产品时,农产品价格是一个很重要的考虑因素。那些经过认证的农产品虽然安全健康，但是价格昂贵，对于当前许多消费者来说可以算是“奢侈品”。

3.2.6 生产主体素质比较

3.2.6.1 生产主体素质对于GAP认证的影响

良好农业规范是一项操作性很强的，要求很严格的标准体系。良好农业规范针对不同的作物生产特点，对作物管理、土壤肥力保持，田间操作，植物保护等都有十分严格的要求。对于畜禽的生产方式和特点，对养殖场选择、畜禽品质、饲料和饮水的供应，场内的设施设备，畜禽的健康、药物的合理使用、畜禽的养殖方法，养殖生产过程的记录，产品的追溯都有严格的要求[45]。所有的这些要求，都对GAP认证农产品的生产主体——农民，提出了很高的要求。因此，生产主体要有很高的素质，才能在实际操作中真正地执行好GAP认证的各项标准要求。

生产者主体的素质包括农民的科学文化素质，思想道德水平，专业技能，法律意识，市场意识和环保意识等相关的素质水平。GAP认证对于农民的这些素质都有很高的要求。首先，进行GAP生产的广大农户要有基本的科学文化素质，能够读懂基本的GAP标准，了解GAP认证的理念和目的，掌握众多的控制点，按照标准进行生产，并对生产过程进行必要的记录。其次，农民要有能够接受新的技术的能力，而不是在生产中光凭原来的经验进行生产。农民要接受培训，了解最新的农业技术，并将之运用到实际的生产中。此外，农民还需要有良好的法律意识和市场意识。GAP生产在许多地方是农户与公司签订契约进行的，农户要有良好的法律意识和市场意识，按标准要求进行生产，不私自违约。最后，农民要有环保意识。GAP认证有员工福利和环境保护的要求，农民在实际生产过程要按照标准要求做好工具的清理，废物的正确处理,药物的准确使用。

国外发达国家GAP认证能够顺利推行的一个重要的原因是其生产主体拥有较高的素质,而中国农民的素质较低阻碍了GAP在中国的推广。通过比较,借鉴国外农民的先进经验,提高我国农民的素质,对于我国GAP的推广十分重要。

3.2.6.2 国外生产主体素质

发达国家对于农民的教育和培训十分重视,这些国家普遍拥有完善的农民教育体系,注重农民基础教育,通过立法形式支持农民培训,以经济手段隔离农民参训,以探索方式完善农民的培训体制。正因为如此,发达国家的农民拥有良好的科学文化素质和良好的农业操作技能。

欧洲:英国的农民占全国劳动力人口的1.4%,但却占据着英国77%的土地,英国的农民大多为农场主。英国的农民普遍具有良好的素质,这与英国政府对于农民的教育和培训密切相关。英国十分重视农民的职业教育与技术培训工作,通过制定相关的法规和培训计划、设置专门机构来支持和开展农民培训。在英国,有78%的农民接受过大学、中学及良好的职业技术教育。英国对于农民的培训有严格的奖励和考核制度,对于进行培训的农民进行考试,农民考试及格后才能取得"国家职业资格证书"。英国的农民培训针对不同层次人员需要,形成了一套高、中、初三个层次相链接,高等学校和科研及咨询机构相配合的农业培训体系。

法国的农民中,7%以上的农民具有大学文凭,60%的青年农民具有中专水平。法规规定农民必须接受职业教育,取得合格证书后才能取得经营农业的资格,并享受国家的农业补贴和优惠贷款。法国农民的教育培训针对不同的农业主体,设置了农民只有教育、中等农业职业技术教育和高等农业教育3个部分。使得法国的农民无论在科学文化素质上还是在农业专业知识和经验管理水平，都达到了一个很高的水准。

德国7%的农民具有大学文凭，53%的农民受过2～3.5年的职业培训，35岁以下的农民，70%以上受过农业职业教育，35岁以上的农民受过农业职业教育的高达50%。德国规定，农业就业者在正式进入工作岗位之前必须经过不少于3年的正规职业教育，上岗之后，在农场还有3年学徒期，在此期间还必须参加统一的资格考试，考试合格拿到绿色证书之后才能允许独立经营农场。此外，德国还十分重视农民培训的“理论和实践的相结合”，这就使得农民在学习先进的农业技术的同时，在未来实际操作中能够正确运用[46]。

美国：美国是世界最大的农业出口国之一，美国农民对于农业有着十分重要的贡献。美国的农民普遍拥有大量的土地，在这些大量的土地上运用世界上最先进的农业技术进行耕作。美国的农民也具有比较好的素质，在美国，有20%的农民有大学学历，农民中有超过86.6%的人受教育年限达12年以上。美国的农民培训模式主要是以农学院为主导，农业试验站、农业推广站相互促进的农业教育、科研和推广三位一体的农业科技体系。在美国，有3 500所中学开设农业职业教育课程，约有1/3的高中生进修。此外，全国还有5万个农村俱乐部，帮助农村的青年学习各种专业知识，提高他们的经营管理能力。同时，美国各级政府也对农业科研和推广加大财政支出，建立农业科研机构。正因为此，美国的农民有良好的科学文化素质，能够掌握先进的技术对农场进行管理。比如，美国的农民利用直升机进行管理，用遥控拖拉机自动耕种，用生物技术进行培育。在美国中等农场和大型农场，农民能够用GPS进行农场的管理和操作。通过采用先进技术，田间作业无需人工操作，机械化精耕细作，防止了许多人工耕作时出现的问题。美国的农民具有勇于尝试新项目的勇气，从农场的长远发展，高瞻远瞩，积极采用生物技术，不断尝试将新的农业技术运用到实际农场操作中。此外，美国农民还具有一种风险规避意识，积极参加各种农业保险，避免因为自然和市场因素造成的损失。[47]。

日本：日本是一个地少人多的国家，日本人均耕地面积不到1公顷，但是日本的农业却十分发达，农民也有着相当高的生活水平。而这与日本重视农业，重视农民教育和培训是密不可分的。日本的农业教育为5个层次，由高到低分依次为大学本科教育、农业大学教育、农业高等学校教育、就农准备教育和农业指导士教育，分别针对不同的对象。而政府对农民的培训则采取统筹规划，农业部与相关部门分工指导和协作。因此，日本的农民在各个阶段都能够受到良好的农业教育和相关的专业培训，这就使得日本农民普遍具有良好的素质。据统计，日本早在1975年农业劳动者平均受教育年限就为11.7年，农民中大学毕业的占5.9%，高中毕业占74.8%，初中毕业占19.4%，在新增农业就业人员中，99%都是高中以上的文化程度。除了科学文化素质较高之外，日本的农民还具有良好的市场意识和经济头脑。日本农民的非农收入大约占其收入的80%，许多农民通过兼职，通过类似"体验经济"来拓宽其收入渠道，从而使得日本的农民拥有很高的收入[48]。

韩国：韩国也对农民的培训十分重视，韩国的农民培训体系是由国家统筹规划，政府农业部门和相关部门分工指导协作的，培训的主体以农业技术推广指导机构和民间团体为主。20世纪60年代之后，韩国的农民培训形成了3个层次的"4H"教育、农渔民后继续教育和专业农民教育。通过这样的教育体系，韩国的农民不但能够有比较好的科学文化素质，而且还有较高的专业化经营管理水平。

在GAP认证过程中，国外发达国家农民的高素质对于GAP在这些国家的推广和发展起了十分重要的作用。首先，受过良好教育，且生活相对富裕的农民普遍会有较好的食品安全意识和环境保护意识，能够认可GAP认证的理念，能够接纳这种新的农业生产模式，并且在实际生产中坚持和贯彻这种理念。其次，发达国家良好的农业培训体系，能够为广大希望进行GAP认证的农户提供一个很好的平台。通过这个平台，农户能够了解和掌握GAP认证的具体操作，如农民能够学会在哪个控制点进行记录，学会对于各种农业用具的如何清洗、操作和储藏，学会如何合理使用药物等。再次，受过良好教育的农民普遍具有良好的法律意识和法制观念，有良好的自律，能够严格按照标准要求进行生产[49]。

3.2.6.3 中国生产主体素质

改革开放以来，我国农民的科学文化素质已经有了很大的提高，农村中已经基本消灭了“文盲”，但是与发达国家的农民相比还存在着很大的差距。

首先，我国农民科学文化素质不高。我国农民的平均受教育年限不到8年，而发达国家的农民一般都在12年左右。农村劳动力中，大专及大专以上的只有1.06%，高中毕业的占12.62%，初中及初中以下文化的占到86.32%。而且，我国农村文化水平呈现由东部地区向西部地区递减趋势。当前，许多受过良好教育的农村孩子最后却离开农村，在非农行业工作，农村里只剩下那些未受到过良好教育的老人和妇女，这也在客观上造成了我国农村劳动力的低素质。同时，我国农村具备科学素养的农民比例仅为0.04%，这导致了许多农业科技成果和先进的机械装备难以在农村推广，农业科技不能够有效地转化为农村生产力。

其次，我国农民的农业经营管理水平低，市场意识和法律意识淡薄。由于长期受到计划经济和封建经济的影响，我国农民缺乏根据市场转变和控制农业生产的规律。许多农民不懂得市场经济规律，信息接受能力和反馈能力差，难以把握市场变化。许多农户由于长期从事个体小规模经营，难以适应社会化生产经营、管理和组织模式，缺乏组织协调能力，缺乏现代的农业经营理念。此外，许多农民缺乏必要的法律意识，在自己权益受到侵害时不能用法律武器来保障自己的权益。在进行市场交易时，由于缺乏对于法律法规的了解，可能造成对自身权益或者给其他市场主体权益造成损害。

最后，我国的农民还受到“小农”思想的束缚。自给自足的小农经济长期，造成了我国农民“小农思想”的根深蒂固。在小农思想的影响下，许多农民的生产以传承的经验知识为基础，墨守成规，对于新的农业技术表现出排斥的态度。重视经验思维，轻视理性思维；重视技术，轻视科学。缺乏崇尚科学知识和尊重人才的精神[50]。此外，小农思想还会让人安于现状，“小富即安”的心态使人不思进取，不愿接受新的技术和变化。缺乏尝试新事物的勇气，对于新事物往往采取从众和观望的态度，缺乏独立的思考和判断精神。

3.2.6.4 中国农民的素质对 GAP 认证的影响

在我国，GAP 推广过程中遇到的一个很大的阻碍就是农民素质的问题。

第一，我国农民受到小农思想的影响，对于像 GAP 这样的新生产管理方式持怀疑态度，因为 GAP 生产需要巨大的成本投入，无法在短期内获益。农民不敢投入资金，在取得显著的成效前，会对新技术和新管理方式持保守态度。

第二，农民科学文化素质低，不能适应 GAP 认证的要求。许多农民不能够读懂 GAP 认证复杂和详细的标准要求，不能对 GAP 认证的理念进行深入的理解。即使经过培训的农民，也不能够很好地将其所学到的经营和管理技术运用到农业生产中。如农民没有对于生产过程的记录习惯，导致了全过程控制不能够很好地实现。在实际的生产过程中，有些农民往往会忽视标准要求，仅凭借自己的经营进行生产，偷施肥料，偷用农药的情况时有发生，导致了最终产品不符合标准要求。

第三，农民缺乏法律意识和市场意识，对于 GAP 认证的实施造成了很大的困难。有些农民为了个人利益，不顾合同制约，私自出售农产品，单方面违约造成企业损失。

GAP认证的推广和发展离不开生产主体素质的提高，借鉴国外先进经验，不断提高我国农民的素质，才能为ChinaGAP的发展铺平道路。

3.3 中外GAP制度的借鉴

从以上一些国家和地区GAP认证实施的情况和特点来看，有很多地方是值得我们借鉴的，对我国GAP认证的启示主要有以下几点。

第一，标准的制定的主体不应该仅限于政府，应该政府协同高等院校、民间机构共同研究制定，以保证标准的权威性、先进性和适用性。

第二，无论是私人GAP标准，还是一些由政府推动建立的Public GAP项目，GAP认证都是自愿进行的。但是良好的市场准入制度（如欧洲零售商协会的规定）能够确保经过认证的农产品的市场份额和市场竞争力。

第三，认证范围要根据国家农业的基本国情和国家关注的重点来确定，不易大而全。特别是初期GAP认证的建立，要选好重点突破，如东盟从果蔬开始，而肯尼亚和乌干达从园艺产品开始。

第四，就认证目标来看，我国推动GAP认证的目标在前期应该以促进出口、开拓国际市场为主（大多数发展中国家的做法），初步建立ChinaGAP体系，提高市场和消费者对GAP认证的认知水平。以此带动，在随后的广泛推广中，应该以食品安全、提高农产品品质和等级为主要目的，同时兼顾环境保护、员工健康、动物福利，建设成一套成熟的ChinaGAP体系（如欧盟、美国、澳大利亚等）。

第五，存在大量小规模生产者的时候，GAP认证的推广需要政府全方位的支持和服务，如各国的“Public GAP”项目，以及日本政府对JGAP的大力推广和支持。

第六，消费者的环保意识能够显著影响其对GAP认证产品的接受程度，而不是单纯的考虑价格因素。所以培养和提高国民的环保意识，对于GAP认证的推行将有很大的推动作用。

第七，我们也应该积极寻求国际援助项目的支持，这些援助项目可以带来资金、技术和先进的管理方法。

第八，成熟、组织有力的民间中介组织（如日本农协）对于GAP认证的推广和政府政策和补贴的落实至关重要。

4

我国农业生产组织模式对农户食品安全生产行为的影响分析

在我国农业生产领域，生产经营主体的组织模式大约有如下几种：分散的小农户、公司 + 农户、公司 + 基地 + 农户、公司 + 合作经济组织 + 农户、合作经济组织 + 农户。不同的组织模式，在保障食品安全生产方面存在着不同的交易成本，对良好农业规范的实施影响效果也不同。为更好地分析不同组织模式对我国良好农业规范实施的影响，我们先对不同组织模式下农户食品安全生产行为进行分析。

4.1　我国农业生产组织模式治理机制与对食品安全行为影响

新制度经济认为，有效的组织形式是社会经济发展中极其重要的社会资源。不同模式下的农户，都是特定要素环境下的产物，都表现出了一定的存在合理性，而不同的组织模式将使农户产生不同的农业技术选择、投资决策和生产经营行为方式，最终影响农产品的质量安全。

4.1.1 分散农户

改革开放后我国对农村生产关系进行了调整，开始实行家庭联产承包责任制。在家庭联产承包责任制下，土地这一生产资料归集体所有，土地以外的生产资料基本上归农民个体所有，农民享有土地经营权。农民以个体家庭为基本组织形式进行生产经营，也就是说，农户是我国农业的基本生产经营单位。目前我国有2亿多农户，小规模的土地、个体家庭的分散生产与经营、生产资料的个人所有以及劳动的独立性都是他们的生产特征。

分散农户在食品安全生产中表现出了明显的差异行为选择现象。即对于自食的农产品，农户尽可能地保证食品的安全性，但对于出售的农产品，农户尽可能地使其利润最大化，而在生产过程中忽视了农产品的质量安全。分散农户进入市场主要面临以下两方面的困难：一是市场交易费用过高。分散农户都单独地直接进行市场交易。农户参与市场活动主要有两个方面：购买生产资料和销售农产品。而在这两个活动中，单个农户都面临着市场信息不对称的劣势。在购买生产资料时，农户若想获得种子、农药、化肥等方面的质量和价格信息，就要不断地付出信息搜寻成本，如向销售商询价、对不同品牌的商品进行比较以及向其他农民了解情况等；在销售农产品时，为了能够在一个相对较高的价格水平上卖出产品，由于交易对象的不确定性，农户又要付出成本寻找合适的交易对象。因此，每个农户在农业生产的购销过程中，都要付出一定的信息搜寻成本，进而增加了交易费用。其次，分散农户的市场交易频率较高，解决交易摩擦需要支付交易费用。分散农户完全采取自产自销式的农产品交易方式，因此无论是产前购买生产资料还是产后销售都无稳定的合作伙伴关系，交易频繁发生。在交易频繁发生的过程中，交易双方就可能会产生摩擦，解决这些摩擦也需要付出相应的成本。二是无法实现规模经济。根据2011年中国统计年鉴，目前我国共有21 649万个农村住户，农村人口数为67 113万人，按照全国耕地面积12 171.59万 hm^2 计算，则每户拥有耕地面积0.48 hm^2，每人拥有耕地面积为0.18 hm^2，约合2.7亩，即人均耕地资源明显不足，从而使得分散农户生产固化在超小规模的经营状态。加之，农民家庭的积累有限，他们很难拥有足够的资金扩大生产规模。也就是说，由于我国农户受到土地、资金等因素的制约很难实现家庭内部经营规模的扩大，因而单个农户无法引进先进的生产技术进行标准化、规范化生产。另外，分散农户家庭同农业产前、产中、产后服务部门相互分离，这也致使农民在生产资料采购、农产品加工以及产品流通等环节丧失了实现外部规模经济的机会。这就使得分散农户为能够赚取利润，想方设法降低生产成本，而不考虑投入品和生产行为的安全性。分散农户的小规模分散经营也为终端产品检测带来了困难：小规模生产者产量小，难以达到规模效应，单位检测成本高；农户分散经营，地域分布广，产品品种多，对检测设备和检验场所提出了更高的要求，导致了农产品检测的供给和需求双向不足。

4.1.2 “农民专业合作社+农户”

我国于2006年10月31日通过，自2007年7月1日起施行的《中华人民共和国农民专业合作社法》将农民专业合作社定义为：“农民专业合作社是在农村家庭承包经营基础上，同类农产品的生产经营者或者同类农业生产经营服务的提供者、利用者，自愿联合、民主管理的互助性经济组织。”至2010年底，全国依法在工商部门登记的农民专业合作社已达37.9万家，入社农户2 900万户，约占全国农户总数的11.6%（孙亚范、余海鹏，2012）[51]。农民专业合作社的经营宗旨是为社员服务、增进社员利益，而不以盈利为主要目的。

可见,农民专业合作社作为市场经济中的一类经济组织,其性质既不同于公司、企业,也不同于一般的社会团体。农民专业合作社这种特殊的经营宗旨和目标决定了其有着独特的制度安排和运行机制。农民专业合作社的制度安排和运行机制可以从以下 4 个方面概括:①组织机制。农民合作经济组织的组织基础是社(会)员。《农民专业合作社法》关于社(会)员资格的规定是,合作社是自愿加入的组织,向能利用其服务并承担社员责任的所有人开放,不允许有任何歧视。理论上只要承认合作组织章程,能利用合作组织提供的服务并能够承担成员义务的人均可加入。但在实际操作中,很多合作社对申请入社的农户作了各种限制条件,如申请入社农户的种植、养殖要达到一定的规模,入社农户必须认购股份等。有些合作社即使没有这些条件限制,也往往倾向于选择有一定技术特长的农户。在入社自愿的同时,大部分合作社实行退社自由。②决策机制。农民专业合作社基本上都设立了理事会、成员大会作为决策机构。作为一个"民办、民管、民受益"的经济组织,其决策机制体现为全体社员地位平等及对合作社的民主治理和控制。因而,成员"民主管理"是合作社的治理原则和特征。我国《农民专业合作社法》规定:成员超过 150 人的可以按照章程规定设立成员代表大会,行使成员大会的部分或者全部职权。在重大问题决策上,大部分合作组织实行"一人一票"制度。然而,由于实践中农民专业合作社的股份化倾向,少部分合作组织中也会出现"一人一票"与"一股一票"相结合的决策制度。③利益机制。农民专业合作社是同类农产品的生产经营者按照自愿互利原则而建立的互助性经济组织,社员参与合作的根本目的是为了克服家庭经营的弊端,通过联合和合作的力量创造合作收益,并通过公平的分配使组织成员能够分享合作剩余,增加个人收入。因此,合作组织建立合理的利益机制的关键在于其在多大程度上体现合作社的本质规定性,即通过合作社来提高农民组织化程度,进而解决对农户的利益维护和增进问题。合作社的利益机制，主要涉及两个方面：一是合作社与成员的利益关联方式，二是合作社的利益分配机制。据孙亚范对江苏合作社的调研数据表明，大多数合作社与社员的利益联结方式是提供信息、技术服务和实行盈余分配及保护价收购产品（孙亚范、余海鹏，2012）[52]。我国《农民专业合作社法》明确规定，农民专业合作社应当遵循主要按照成员与本社的交易量（额）比例返还社员盈余的原则，并强调盈余返还的比例不得低于 60%，这些规定保证了农民社员是分享合作社利益的主体。可见，"资本报酬有限"、"按惠顾额返利"是合作社的本质性规定，但实际上真正按合作章程运行得很少，大多数合作社没有建立按惠顾额返还盈余为主的利益分配机制，在合作社由少数人员持股下，合作社的盈余分配过度向资本倾斜，大多数农户很难凭借业务惠顾而获得明显的合作收益。④监督机制。监事会是成员民主参与和保护自身利益的重要机构。随着农民专业合作社的不断成熟发展，多数合作社设有监事会作为监督组织内部治理的机构和监督制度，但多是流于形式。而能够规范执行监督机制的合作社也表现出更为健康的发展。随着我国农业产业化进程的不断加快，农民专业合作社，作为农户在自愿、互利基础上兴办的合作组织，被认为是当前农业产业化的理想发展模式（陈晖涛，2009）[53]。

农民专业合作社在保障食品安全方面有着重大的意义。

（1）有利于农业专业化生产。农民专业合作社多依托当地特色产业而生，并以自办实体、基地或与农业龙头企业联合，实现主导产业的区域化布局，专业化生产，一体化经营。农民专业合作社的一大特点是它把供应链各个环节所形成的经济剩余保留在农业内部，增强了农业自身积累和发展的潜力（黄祖辉、梁巧，2009）[54]。农民专业合作社正是把相同专业的农户组织起来，共同解决一些单个农户不可能解决的"大问题"（比如加强农业基础设施建设,使用大型机械等),从而推动了农业生产的专业化。

(2)有利于农业标准化生产。当今世界,产品质量是决定市场竞争力的关键,只有实现农业生产标准化才能保证产品的质量。农民专业合作社能够把广大农民结成一个利益共同体,共享资金、技术、信息,制定统一生产标准、统一生产操作规程,并可借助其内部自我管理、自我监督机制,推动安全、绿色、有机农产品生产,共同打造优质品牌,从而提高农业科技含量,促进农业标准化建设。

(3)有利于农业科技推广。科学技术是第一生产力。提高我国食品质量安全水平,必须依靠科学技术的支持。然而,引进农业技术是一种高成本、高风险的投入,单个农户很难单独引进某项农业技术,而农民专业合作社凭借其资金优势、人力资源优势等就有很大可能把该技术引进过来,这不仅降低了农业技术引进的风险还加快了农业科技推广的速度。

虽然我国农民专业合作社在提高农民组织化程度、保障食品安全方面起着越来越重要的作用,但仍处于初步发展阶段,受内部治理机制不健全、管理不规范等因素制约,主要存在以下两个方面的问题:①对农户生产安全食品的有效激励不足。农户放弃农业经营决策权而选择加入农民专业合作社是有一定的机会成本的,这就需要合作社稳定惠顾额,增加农民的经济收入才能使农户积极参与到组织中去。但由于合作社的管理不善,农民的预期收益不高。此外,在合作社由少数成员持股和盈余分配过度向资本倾斜的情况下,合作社大部分盈余不能通过“惠顾”返还给生产者社员,这就大大降低了农户生产安全食品的意愿。②合作社社员的机会主义行为。合作社作为特殊的经济组织,其社员有着所有者和惠顾者的双重身份。但大多数社员往往忽视了自己的主人翁身份,把自己仅看作惠顾者的社员就可能实施机会主义行为。即单个社员就会在生产过程中违规使用化肥农药,在向合作社交售产品时会掺假、以次充好等，特别是在出售农产品的质量难以检测时。那么如果每个社员都这么做，其结果将是合作社的声誉受损，合作社品牌就会陷入“公地悲剧”。因此，为保护全体社员的整体利益、保证合作社的健康持续发展，加强对合作社社员机会主义行为约束是关键。

4.1.3 “公司+农户”

进入21世纪以来，“三农”问题引起了人们的广泛关注。随着市场对农产品质量安全的需求不断提高，一些食品生产加工企业为了满足市场的需求，迫切寻求稳定的高质量的原料供应商。与此同时，小规模农户由于本身条件的限制，难以掌握新的市场信息和生产技术，于是，“公司+农户”模式，作为农业产业化组织的形式之一，就在国内迅速发展起来。“公司+农户”模式的基本含义是指从事农副产品加工和流通的公司与农户建立一定的经济契约关系，开展一体化经营。“公司+农户”模式作为一种内涵宽泛的制度安排，根据公司和农户结合方式的不同可以分为3种类型：①松散型。公司与农户的联系较为松散，市场是联系它们的主要桥梁，双方不签订合同，自由买卖，公司对农户生产的农产品进行直接收购，价格随行就市。除此之外，农户与公司之间没有任何经济联系或经济约束，可以说，公司与农户之间是纯粹的市场交易关系，利益关联度较小，交易活动受市场波动影响大，关系很不稳定，与以往的公司独自经营模式没有什么区别，根本起不到明显的保证食品安全的作用。②紧密型。农业生产完全实行企业化经营，企业与农户的外部交易关系完全转化为企业内部的经营管理关系，事实上农户成为企业的员工，企业把农户的生产作为自己的第一车间，农产品的生产、加工、销售等活动实现了真正的一体化，生产原料的农户和进行加工的企业能够共同分享整个产业链的利润。可以说，这种模式是公司独自经营的延伸形式，是为了降低与交易方式有关的尤其是产生在契约签订后的机会主义行为。在保证食品安全方面，企业对产品形成过程（比如种子、化肥的投入、农药的使用）进行控制和监督，使得产品质量信号在企业内进行有效的传递。与此同时，企业将作为农产品的最终生产者直接向市场传递质量信号，其销售的农产品可追溯性比较强。但企业监督和管理农产品的成本很高，考虑到成本与收益问题，企业在这方面做得不足。此外，农业生产紧密型策略是产业链上下游之间的纵向协调控制，在小规模分散经营情况下，农户很难在利润分配谈判中处于优势地位，因此，农户只能获得工资性的劳动报酬，而无法获得因提供高质量产品而应该得到的高收益，这样作为直接生产农产品的农户提供高质量安全农产品的积极性就会不高。③半紧密型。龙头企业与农户在自愿、平等互利的前提下签订产销合同，规定签约双方的责权利，设立产品最低保护价并保证优先收购，农户按合同规定向企业交售优质产品，“龙头”企业以最低保护价优先收购农产品，并将其加工、出售。这种契约联结方式能够比较均衡地兼顾企业和农户的利益，交易关系比较稳定，在“公司 + 农户”模式中是最常见和最具有代表性的一种联结方式，也是文章中所讨论的“公司 + 农户”（在此有必要对其作详细介绍）。其意义在于：在不改变现有农户家庭经营的前提下，通过契约的方式将农业产前、产中、产后各环节有机结合起来，这在一定程度上改变了传统农业的分散经营方式，节省了分散农户走向市场的交易用费。另一方面，企业作为农户与市场之间的纽带，能够利用其声誉在很大程度上保证了出售产品的质量。企业承担了鉴定产品质量的费用，对于生产高质量产品的农户而言，如果交易市场本身不能通过价格来区分农产品质量高低，那么农户就有动力与企业签订合同；而对于生产低质量产品的农户，他将被合同的质量规定拒之门外。可以说，合同形式的“公司 + 农户”经济组织形式在一定程度上促进了质量信号的传递，保证了食品质量的安全性。然而，虽然“公司 + 农户”模式在 20 世纪 90 年代提出时得到了政府和学术界的大力支持，但从其在中国的发展实践看“公司 + 农户”有 80% 的案例是不成功的，违约现象严重。当前半紧密型“公司 + 农户”模式运行中存在的主要问题有以下几点：①合同的不完全性。“公司 + 农户”经营模式通过契约（合同）将公司和农户二者的经济联系稳定化。然而合同先天存在的缺陷直接导致公司和农户在执行契约过程中的纠纷。首先，虽然国家以法律形式确认了公司与农户平等的市场地位，但在实际的交易活动中农户和公司的地位是不对等的。“公司 + 农户”模式中的合同通常是由公司单方面起草制定的，农户只是被动认可签字生效。作为理性“经济人”的公司会借助信息资源优势、对收购条件使用模糊性语言描述和增加免责条款等方式来造成合同的不平等性。合同中容易存在“霸王条款”，使农户权益无法得到保证。其次，由于人的有限理性，公司不可能提前详细了解农户的生产过程，因而在合同中无法囊括所有可能发生的情况，这也容易造成合同的不完全性，为后来双方的交易行为埋下隐患。②机会主义倾向。在半紧密型的“公司 + 农户”模式中公司和农户的利益相对独立，这就往往使得二者的目标函数不一致。在不完全市场条件下，信息的不完全及不对称极易促使作为“契约人”的公司和农户采取机会主义行为。一方为了自身的利益会不惜以损害另一方的利益为代价而采取投机取巧、不诚实行为。由于农业生产活动易受外部环境因素的影响，这就使得农产品的质量和数量存在很大的不确定性，往往造成农产品价格的波动。当农产品价格出现波动时，利差诱惑会加重企业和农户双方的利益冲突，从而导致违约行为的发生。再者从资产专用性角度来分析企业和农户的机会主义行为。企业和农户之所以进行双方专用性投资，目的是共享由资产专用性投资而产生的合作剩余，然而另一方面也会带来双方的机会主义行为。同许多工业生产资料一样，农业生产资料也通常是典型的专用性资产，不能更改其用途。农户一旦投入了专用性资产，就必然有可能面临合作企业采取机会主义的危险。一旦企业采取机会主义行为，农户只能被迫接受来自企业的种种限制，从而导致其现期收入的减少。对企业亦是如此。企业投入的机器和设备等也属于专用性资产，投入后很难转为他用，一旦农户违约（有意识地改变生产种类、生产方式、生产规模和合作对象等）就会造成企业的巨大损失。③利益分配机制不完善。利益分配是“公司＋农户”合作模式成败的核心。一切经济联合其实质都是利益的联合。很多公司与农户之所以合作失败，其最终都要归结于利益分配问题没有协调好。目前公司与农户之间利益分配主要采用以合同确定的价格收购农户的农产品的方式。这种方式使农户的利益得到了基本保障，降低了农户参与市场竞争的风险，但是它并不能从根本上改变农户原料供应者的地位，农户无法分享公司在农产品加工、销售等环节产生的高额利润，农户与龙头企业仅是单纯的“买卖关系”，没有真正形成“利益共享、风险共担”的利益共同体。这种分配方式对农户的吸引力越来越小，也使得农户在市场行情好时违约现象发生。再者，从利益分配来看公司实际掌握着利益分配的主动权，农户处于弱势地位，单一农户很难争取到“二次返利”。特别是在公司经营困难时，一些公司不顾农户的利益，甚至有意转嫁风险，农户都有可能丧失自己部分应得的利益，更别提分享到加工、销售环节的利润了（唐芳，2008）[55]。④违约后的追罚成本过高。尽管不完全契约的约束机制可依赖于第三方作为仲裁机构来调节可能出现的矛盾，但这种调节是有成本发生的，当调节成本远远高于调节所带来的收益时，这时受害方就会选择“沉默”。如果农户在双方交易过程中选择不守信用，由于小农户数量众多，法不治众，公司考虑到高昂的诉讼成本，一般会放弃诉诸法律。在公司违约的情况下，农户会因时间、财力以及文化水平和经验等限制无法申诉为自己争取权益，而且由于存在“搭便车”现象，分散的农户也很难组织起来与违约公司交涉，因此，在很多时候，农户也任凭公司侵占自己的利益，维权也因成本太高而成为一纸说词。统计发现，在农业产业化经营违约案例中，有 80% 是公司违约的(彭京京、李萍，2009)[56]。

4.2 我国不同农业生产组织模式对农户食品安全生产行为的实证分析

为了更好地分析不同组织模式下农户的食品安全生产行为，在设计调查问卷的基础上，对山东省枣庄市 300 家农户进行了调查。

4.2.1 问卷设计

在枣庄市山亭区进行了小规模的一对一访谈形式的预调研，在此基础上，又对调研问卷做了进一步的修改和完善，将农户经常提及的问题引入问卷。最后，根据研究目标的设定，问卷主要有以下三部分内容构成：农户的基本信息、农户在生产过程中的具体操作行为、农产品的销售情况。其中基本信息包括年龄、性别、文化程度、组织形式、种植的面积；具体操作行为包括施用农药、种子、化肥的情况等；农产品的销售情况包括销售渠道、有没有自己的品牌、是否进行包装等，共有 29 个小题。

4.2.2 数据来源

数据来自 2013 年 9—10 月份在枣庄市 3 个地区 8 个镇完成的 300 份问卷调查。调查对象是农户，根据研究内容，将农户分为三类：分散农户、参加农民专业合作社的农户和与公司签有合同的农户。在调查前，对调查员进行了问卷培训，并在调查中进行监督调查和复查已完成的问卷。调查采用随机抽样的原则共发放300份问卷，收回295份问卷，剔除出现错误信息及漏答的问卷，其中回收有效问卷283份，有效率为94.3%。在本次调查结果中，统计出调查的分散农户有165户，参加农民专业合作社的农户有50户，“公司+农户”形式的农户有68户。其具体样本分布如表4-1所示。

表4-1 样本分布情况

户

调研地点		分散农户	“农民专业合作社+农户”	“公司+农户”	合计
山亭区（100）	店子镇	7	5	22	34
	水泉镇	38	2	10	50
	北庄镇	15	0	1	16
滕州市（128）	界河镇	26	6	6	38
	大乌镇	33	7	2	42
	滨湖镇	17	27	4	48
峄城区（55）	阴平镇	14	2	16	32
	柴胡店镇	15	1	7	23
合计（283）		165	50	68	283

4.2.3 样本地区的农产品安全生产发展状况

枣庄位于山东省南部，是山东省设立的第四个地级市，是山东省种植业的重要产区之一。全市内辖5个区（市中、峄城、薛城、山亭、台儿庄），1个县级市（滕州市），17个街道办事处，44个镇，3个乡，总人口380万人，其中农业人口160.56万人，耕地面积276万亩，果园面积24.3万亩，全市862个村庄，有果园的751个，占87.2%，果园种植户4万多个，从业人员10万人以上。枣庄境内主要粮食作物为小麦、玉米、水稻，是国家商品粮基地；拥有悠久的蔬菜种植历史，是全国著名的“芸豆之乡”、“土豆之乡”和无公害蔬菜基地，为蔬菜深加工提供了丰富原料；拥有优质梨、樱桃、桃、葡萄、石榴、板栗、大枣、核桃等十大林果生产基地，年产各种水果 20 多万吨，是发展果汁加工业的理想之地。

近年来，枣庄以农业产业化为依托，以农民增收、农业增效为发展目标，不断壮大龙头企业群体，积极培育扶持农业龙头企业，实行“企业 + 基地 + 农户”形式，着力推进农业产业化升级。截至目前，全市共有市级农业龙头企业 164 家，其中粮食加工企业 38 家，油料加工企业 8 家，蔬菜加工企业 20 家，果品加工企业 10 家，畜牧加工企业 41 家，水产 2 家，食用菌 2 家，大型龙头企业有山东盈泰食品(集团)有限公司、枣庄长红果品开发有限公司等。2012 年，全市市级农业龙头企业资产总额达到 108.51 亿元，销售收入 216.04 亿元，净利润达到 12.92 亿元，上缴税金 5.82 亿元，出口创汇达到 1.39 亿美元。枣庄市还大力推行“合作社 + 基地 + 农户”，积极推广标准化生产和无公害、绿色、有机认证，形成一村一品、一村一业、多村一品的特色块状经济，积极发展了林果、花卉、养殖、蔬菜等特色产业。

4.2.4 不同模式下农户安全生产行为的描述性对比分析

4.2.4.1 农户基本情况对比

农户的基本情况包括性别、年龄、文化程度和农户种植面积。我们一般认为，农户的生产行为是受到农户自身特征影响的。比如，受教育程度越高的人，其生产行为的安全性就越高(孙庆珍，2008)[57]。农业参与者年龄对农户生产安全农产品意愿有显著影响(姜慧慧，徐立青，2010)[58]。年龄越大的农户，其文化程度往往就越低，因而这样的农户就越容易形成生产定式，不注意或不积极学习先进和合理的生产方式 。年轻的农户，其文化程度也相对高一些，这样的农户思想相对比较活跃，更容易接受新事物，学习新东西，因而更容易了解和接受合格农产品的生产操作规程。总之,受教育程度越高的年轻人,就越趋向于生产安全农产品。在所调查的283个农户中,分散农户中男性所占比例为36.4%,女性所占比例为63.6%;参加合作组织的农户及参加"公司+农户"模式的农户中男性所占比例分别为60%和61.8%,女性所占比例分别为40%和38.2%,如图4-1所示。从调查中发现,在家中务农的主要是妇女和老人,而那些青壮年的男性选择外出务工来作为家庭收入的主要来源,这在分散农户中体现得尤为明显。

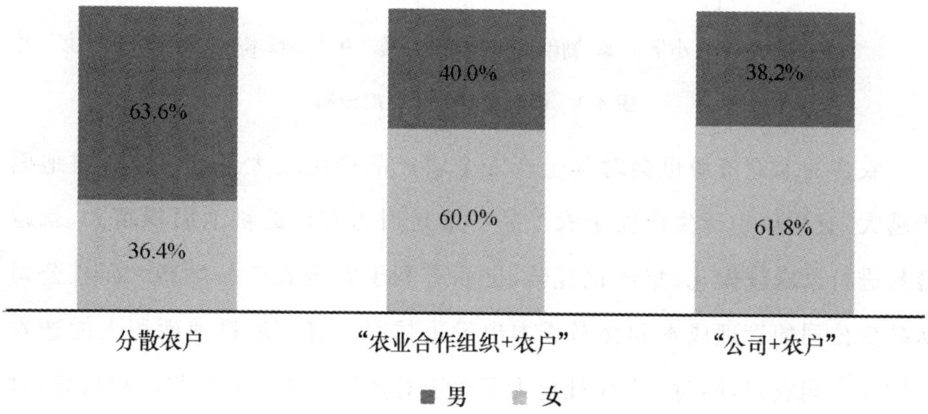

图4-1 调查样本性别分布

分散农户户主的年龄主要集中在45～55岁,所占比例为40.6%;参与农民专业合作社的农户及参加"公司+农户"模式的农户户主的年龄都主要集中在35～45岁,所占比例分别为44%和44.1%,见表3-4。这也说明了我国农村劳动力大量向二、三产业转移,在家务农的只剩下妇女和老人,这种农村人力资本的流失,必然会对农业生产产生不利影响。56.4%的分散农户受教育程度为小学或初中;54%的参与农民专业合作社的农户及约56%参加"公司+农户"模式的农户受教育程度均为初中到中专。如图4-2所示。

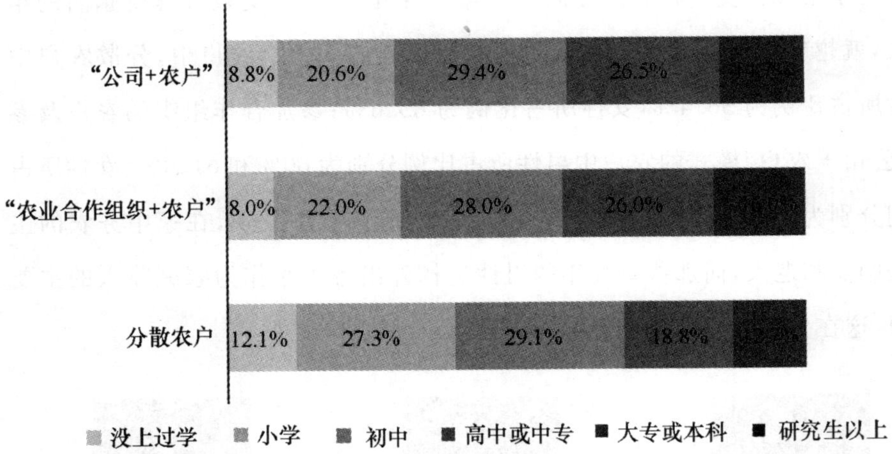

图 4-2　调查样本文化程度分布

农户的家庭资源也会对其生产安全农产品产生较大影响。家庭耕地面积越大,农户较趋于生产安全农产品。这是因为农户的耕地面积越大,就越容易进行家庭规模化、集约化经营,进而有利于安全农产品生产。而且公司从减少公司的管理成本和交易成本出发也越愿意将家庭耕地面积大的选农户作为合同农户,同时,合作社也为了便于对社员的生产进行监督和指导,对申请入社农户的生产规模也有一定的要求。在所调查的 165 个分散农户中,就有 82 户的种植面积在 3 亩以下,5 亩以上的只有 20 户,所占比例仅是 12%;在 50 个参与农民专业合作社的农户中,就有 28 户的种植面积在3～5 亩,所占比例为 56%,5 亩以上的有 10 户;在 68 个与公司签订合同的农户中,有 38 户的种植面积在 3～5 亩,所占比例为 66%,5 亩以上的有 14 户,见表 4-2。由此可见,我国农户的家庭经营规模普遍还是比较小的,但龙头企业和合作组织往往还是选择相对大规模的农户来作为合同农户或社员,这在一定程度上就保证了生产农产品的安全。

表 4-2 调查样本种植面积分析

种植面积	分散农户		“农业合作组织＋农户”		“公司＋农户”	
	频数	比例(%)	频数	比例(%)	频数	比例(%)
3 亩以下	82	49.70	12	24	16	23.50
3～5 亩	63	38.20	28	56	38	55.90
5 亩以上	20	12.10	10	20	14	20.60

4.2.4.2 农户的认知水平对比

农户对农产品安全的认知是影响农户生产行为的重要因素。如果要生产出安全的农产品就必须了解什么是安全农产品，了解影响农产品安全生产的因素，了解它们的生产技术规程和标准，才能加以控制从而达到质量安全要求。农户的认知水平分为下几个方面：对无公害食品、绿色食品和有机食品是否了解；环境（土壤、空气、灌溉水）对农产品的安全性有无影响；在种植的农作物方面，是否知道国家禁止使用哪些农药；是否了解农药残留的概念。

农户对无公害食品、绿色食品和有机食品的认知，调查结果显示，81.8%的分散农户完全不了解或仅了解一点，可见绝大多数分散农户对安全农产品的认知度是非常不高的，这种情况下要求农户生产出安全农产品将是很困难的。有42%和24%的参与农民专业合作社的农户对这三种食品是比较了解和完全了解的。有48.5%和20.6%的参加“公司＋农户”模式的农户也是比较了解和完全了解的。可见，参与组织的农户比分散农户对无公害食品、绿色食品和有机食品的认知水平高很多。这主要是因为参与组织的农户大都需要进行这三种食品中其中一种的认证，组织也会对农户进行这方面的培训。而分散农户很大一部分农产品是自己食用的，剩余部分卖给单个消费者或小商贩，因而对这三种食品的了解和关注程度是非常少的。

在“您认为环境(土壤、空气、灌溉水)对农产品的安全性有影响吗?”这一调查中,76%的分散农户、58%的参与农民专业合作社的农户和59%的参加“公司+农户”模式的农户都认为是有一定影响的;仅有6.7%的农户认为没有影响。可见农业受自然环境因素的影响还是很大的,同时农户们也注意到了这一点。

在调查中,大部分农户对国家投入品使用的规定不是十分清楚。仅有6%的分散农户知道全部的国家禁止使用的农药,52.8%的农户多少知道一部分,甚至有41.2%的农户完全不知道;50%的参与农民专业合作社的农户和30%的参加“公司+农户”模式的农户知道全部的国家禁止使用的农药。在“您是否了解农药残留的概念”中也能得出大抵相同的结论,仅19.1%的分散农户非常了解,从这一点说明参与农民专业合作社的农户更加关注国家对投入品使用的规定(表4-3)。

表4-3　调查样本农户认知水平分析

调研内容		分散农户		“农民专业合作社+农户”		“公司+农户”	
		频数	比例(%)	频数	比例(%)	频数	比例(%)
你是否了解无公害、绿色、有机食品	完全不了解	48	29.1	5	10.0	7	10.3
	了解一点	87	52.7	12	24.0	14	20.6
	比较了解	26	15.6	21	42.0	35	51.5
	完全了解	4	2.4	12	24.0	12	17.6
你认为环境对农产品的安全性有影响吗	没有影响	12	7.3	3	6.0	4	5.9
	有一定影响	125	75.8	29	58.0	40	58.8
	有很大影响	28	16.9	18	36.0	24	35.3
你是否知道国家禁止使用哪些农药	不知道	68	41.2	3	6.0	3	4.4
	多少知道	87	52.7	22	44.0	44	64.7
	知道	10	6.1	25	50.0	21	30.9

续表 4-3

调研内容		分散农户		"农民专业合作社+农户"		"公司+农户"	
		频数	比例(%)	频数	比例(%)	频数	比例(%)
你是否了解农药残留的概念	完全不了解	25	15.2	4	8.0	5	7.4
	了解一点	75	45.5	12	24.0	13	19.1
	比较了解	34	20.6	20	40.0	32	47.0
	非常了解	31	18.8	14	28.0	18	26.5

4.2.4.3 投入品及生产过程控制的对比

现阶段,农产品质量问题十分堪忧,正是由于农户"理性行为"和"非理性行为"矛盾的结果。农户追求效益最大化的"理性行为",导致了过多使用化肥农药,使得农产品农药残留、重金属残留等严重的"非理性行为",从而影响了农产品的质量安全。农产品生产离不开良好的土壤、水等自然环境,农户产前对投入品(种子、化肥、农药)的选择状况和生产技术使用状况可充分反映出农户在生产过程中出现的质量安全问题。由此可见,农户生产过程中的投入选择及使用行为与其生产的食品安全性息息相关。

4.2.4.4 对产地环境进行检测对比

尽管几乎所有样本农户(283 户农户中有 264 户)都认为土壤、空气、灌溉水等自然环境对农产品的安全性有一定或很大的影响,但现实生产过程中对产地环境进行检测的并不多。其中只有 25.5%的分散农户、40%的参与农民专业合作社的农户和 36.8%的参加"公司+农户"模式的农户对产地环境进行了检测。对产地环境进行检测的分散农户主要是依靠政府部门;参与农民专业合作社的农户一部分是政府部门对产地环境进行了检测,一部分是合作组织承担费用进行了检测;参加"公司+农户"模式的农户主要是龙头企业进行了检测。分散农户没有进行检测的原因主要是不知道找谁检测,其次是觉得没必要；参与农民专业合作社的农户主要是因为觉得没必要；参加“公司+农户”模式的农户主要是因为公司不承担费用，若要检测的话，那检测费用会很高（图 4-3）。

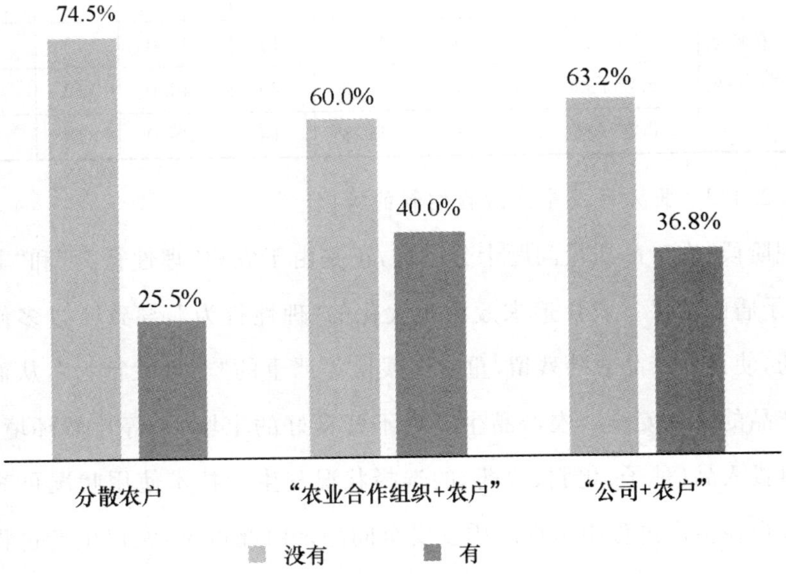

图 4-3　调查样本农户有没有对产地环境进行检测分布

4.2.4.5　种子投入对比

分散农户获取种子的渠道主要是自己到销售点购买，所占比例为 80%，还有一部分是小贩上门兜售给农户，值得一提的是，政府部门培育出新品种的话，也往往会分给小部分农户来做实验；参与农民专业合作社的农户主要是合作组织统一发放种子，所占比例为 90%；与公司签订合同的农户，一部分是公司统一发放种子，比例是 44.1%，55.9%的农户自行购买种子，这主要看协议上公司是否有这一服务。总而言之，参与合作组织的农户生产的农产品因合作组织统一发放种子比较容易制定统一的标准来评价农产品的质量安全性(图 4-4)。

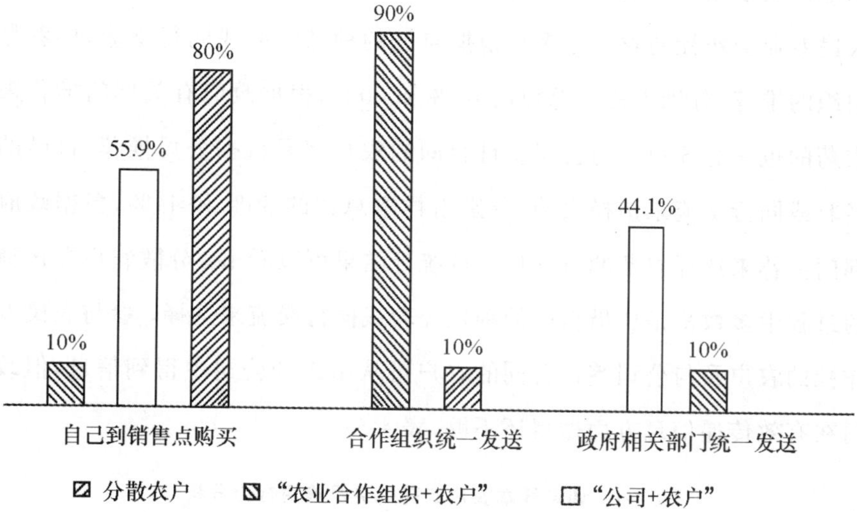

图 4-4 调查样本农户获取种子的渠道分布

4.2.4.6 农药购买及施用情况对比

农药由于其种类多、毒性高、使用技术难度大、使用面积广，成为目前影响我国农产品安全的核心问题。提高科学用药水平、加强农药管理及合理利用农药对于促进农产品安全生产，增强我国农产品的市场竞争能力具有十分重要的意义。

随着环境恶化，我国病虫灾害大面积频繁发生，农户开始大量使用农药。在所调查的 283 个有效样本中，上述三种性质的农户购买农药时最关心的是农药的治病、杀虫效果。其次分散农户最关心的是农药的价格，而参与农民专业合作社的农户和与公司签订合同的农户最关心的是农药的安全性。农户在回答根据什么来选择农药时，分散农户有 110 位农户表示他们是根据自己的种植经验或同行交流来选择，占样本总数的 66.7%；有 72 位农户表示他们根据电视或广播中的广告选择，占样本总数的 43.6%；只有 20 位农户表示他们会根据政府有关部门推荐来选择农药，占样本总数的 12.1%。参与农民专业合作社的农户也多是根据自己的种植经验或同行交流，再者是合作组织的推荐，分别占样本总数的 64%和 60%，根据政府有关部门推荐来选择农药的也只有 5 户。与公司签订合同的农户多是根据公司推荐、自己的种植经验或同行交流来选择农药，分别占样本总数的 56%和 44%；根据政府有关部门推荐来选择农药的有 9 户。从统计结果可以看出，分散农户在选择农药的过程中多数都是凭借自己的种植经验或同行交流来选择，参与农民专业合作社的农户及与公司签订合同的农户可从组织和公司中得到信息，但政府部门在有效传递信息方面做得还不够（表 4-3）。

表 4-4　调查样本农户农药购买及施用行为分析

调研项目		分散农户		“农民专业合作社 + 农户”		“公司 + 农户”	
		频数	比例（%）	频数	比例（%）	频数	比例（%）
购买农药最关心的是	治病、杀虫效果好	116	70.3	25	50.0	30	44.1
	价格	30	18.2	10	20.0	18	26.5
	对农产品的安全性	19	11.5	15	30.0	20	29.4
获取农药信息的渠道	凭种植经验或同行交流	110	66.7	32	64.0	35	51.5
	农药店推荐	55	33.3	8	16.0	15	22.1
	电视或广播中的广告	72	43.6	25	50.0	30	44.1
	合作组织的推荐	0	0	30	60.0	0	0.0
	公司的推荐	0	0	0	0.0	38	55.9
	政府有关部门的指导	20	12.1	5	10.0	9	13.2
是否使用剧毒农药	从不使用	45	27.3	7	14.0	3	4.4
	偶尔使用	82	49.7	40	80.0	48	70.6
	经常使用	38	23	3	6.0	17	25.0

续表 4-4

调研项目		分散农户		“农民专业合作社 + 农户”		“公司 + 农户”	
		频数	比例(%)	频数	比例(%)	频数	比例(%)
是否会增加配比浓度来提高农药效果	不会	50	30.3	30	60.0	30	44.1
	会	115	69.7	20	40.0	38	55.9
施药时是否考虑间隔期	完全不考虑	5	3	0	0.0	2	2.9
	多数不考虑	20	12.1	6	12.0	8	11.8
	多数会考虑	130	78.8	34	68.0	46	67.6
	一定会考虑	10	6.1	10	20.0	12	17.6
是否知道农产品在上市若干天前不能打药	不知道	45	27.3	0	0.0	0	0.0
	知道	120	72.7	50	100.0	68	100.0

从表 4-4 中可看出，为了达到杀虫、治病效果，还有相当一部分农户经常使用剧毒农药的，大部分农户只是偶尔使用剧毒农药。有一点值得一提的是，在调查中约有 27.3%的分散农户从不使用剧毒农药，比其他两种性质的不使用剧毒农药的农户比例都高。这是因为很大一部分分散农户种的农产品主要是满足自己吃的，剩余的部分才会卖掉，所以往往会注意自种粮食的安全性，而参与农民专业合作社的农户和参加“公司 + 农户”模式的农户主要是以卖掉为主，因而更加关注增加农产品产量。农户在使用农药时也往往会增加说明书上的配比浓度来提高农药的效果。农户在施药时也会考虑到间隔期和上市若干天前不打药。这一点上，农民专业合作社的农户做得比较好，其次是参加“公司 + 农户”模式的农户。

4.2.4.7 化肥购买及施用情况对比

20 世纪 60 年代初中国开始推广使用氨水。随后，碳酸氢氨、进口尿素等被大量推广应用，化肥使用量与日俱增。人们也逐渐意识到过量施肥会破坏生态环境，也是造成农业面源污染的重要因素。统计结果显示，有 51.5%的分散农户在生产过程中主要施的是农家肥；38.2%的分散农户主要施的是普通化肥（复合肥、氮肥、磷肥等），在购买化肥时最关心的是化肥的增收效果，其次是价格，所占比例分别为 64.2%和 25.5%，而且多是通过凭种植经验或同行交流及化肥销售商的推荐来购选肥料；还有 10.3%的农户主要施微生物肥料。在调查中还发现分散农户主要把农家肥和微生物肥料施于自己吃的农产品中，但微生物肥料都是自做的，没有经过相关检测来确保微生物肥料的安全性。调查样本中所有参与农民专业合作社的农户主要施用普通化肥。购买化肥时最关心的也是增收效果，其次是安全性，也多是根据自己的种植经验或同行交流以及合作组织的推荐购买。95.6%的参加“公司＋农户”模式的农户主要施用普通化肥，购买化肥时最关心的也是增收效果，也多是根据公司推荐、自己的种植经验或同行交流来选择购买，还有 3 家农户主要施用微生物肥料，因为他们发现购买化肥的成本和自做微生物肥料的成本差不多，而且施用微生物肥料的农产品口感比较好（表 4-5）。

4.2.4.8 农产品销售方式及渠道的对比

农产品的销售方式及渠道会对农产品提出一定的质量安全要求。销售环节也是农产品容易受到污染的一个关键环节。农户销售其农产品的渠道也是是否可以实现可追溯的一个重要方面，规模化、固定场合销售的产品容易实现可追溯，而零售或者在不固定场合销售的产品很难实现可追溯。调查结果显示，分散农户的主要销售渠道是集市或农贸市场自行销售，所占比例分别为 47.3%，其次是沿街销售或走街串巷叫卖和小商贩到田间地头收购，

表 4-5 调查样本农户化肥购买及施用行为分析

		分散农户		“农民专业合作社 + 农户”		“公司 + 农户”	
		频数	比例(%)	频数	比例(%)	频数	比例(%)
你使用的肥料主要属于以下哪种	普通的化肥(复合肥、氮肥、磷肥)	63	38.2	50	100.0	65	95.6
	农家肥	85	51.5	0	0.0	0	0.0
	微生物肥料	17	10.3	0	0.0	3	4.4
获取化肥信息的渠道	凭种植经验或同行交流	110	66.7	32	64.0	35	51.5
	化肥经销商推荐	55	33.3	8	16.0	15	22.1
	电视或广播中的广告	72	43.6	25	50.0	30	44.1
	合作组织的推荐	0	0.0	30	60.0	0	0.0
	公司的推荐	0	0.0	0	0.0	38	55.9
	政府有关部门的指导	30	18.2	5	10.0	9	13.2
购买化肥最关心的是	增产效果	106	64.2	32	64.0	34	50.0
	价格	42	25.5	4	8.0	18	26.5
	使用安全、对环境无污染	17	10.3	14	28.0	16	23.5

所占比例分别为 21.2%和 20%,在批发市场出售的占 12.1%,企业按合同收购占到 4.8%;参与农民专业合作社的农户的主要销售渠道是到批发市场出售,所占比例分别为 50%,其次是加工企业收购和出口,分别占 40%和 20%,小商贩到田间地头收购的占 16%;参加“公司 + 农户”模式的农户的主要销售渠道是公司订购,所占比例为 77.9%,其次是到批发市场出售,占 25%。可见不同性质的农户的销售渠道是有很大差别的。可以说,对外出口的农产品其质量安全性要求是最高的,公司收购的话也会对农产品质量提出一定要求,而沿街销售或走街串巷叫卖、集市或农贸市场自行销售的方式是对质量安全没有过多要求的,因此,从销售渠道看,分散农户销售渠道最保证不了农

产品的质量安全性。农产品包装一定程度上能够保证农产品在运输销售过程中质量和安全性，打造农产品品牌也是实现可追溯的一个重要方面。在调查中，只有 15.1% 的分散农户选择了在销售农产品时包装销售，选择简单包装和精细包装的分别占到了 10.9%和 4.2%，创建品牌的只有 4.8%；大部分参与农民专业合作社的农户选择了包装销售农产品，简单包装和精细包装分别占到了 30%和 50%，有自己品牌的占 64%；66.2%的参加“公司 + 农户”模式的农户在销售农产品时选择了简单包装和精细包装销售，分别占 29.4%和 36.8%，有自己品牌的占 70.6%。售前进行产品认证也是确保产品质量安全的一个比较重要的手段。在 165 户分散农户中，只有 6 户进行了无公害食品认证，2 户进行了绿色食品认证，其认证率仅是 4.8%；在 50 户参与农民专业合作社的农户中，有 19 户进行了无公害食品认证，7 户进行了绿色食品认证，6 户进行了有机食品认证，认证率是 64%；在 68 户参加“公司 + 农户”模式的农户中，有 32 户进行了无公害食品认证，10 户进行了绿色食品认证，6 户进行了有机食品认证，认证率是 70.6%（表 4-6）。

表 4-6　调查样本农户农产品销售方式分析

农产品销售情况		分散农户		“农民专业合作社 + 农户”		“公司 + 农户”	
		频数	比例(%)	频数	比例(%)	频数	比例(%)
出售农产品的渠道	沿街销售或走街串巷叫卖	35	21.2	0	0.0	0	0.0
	集市或农贸市场自售	78	47.3	2	4.0	5	7.4
	小商贩田间地头收购	32	19.4	8	16.0	12	17.6
	批发市场	20	12.1	25	50.0	17	25.0
	有专门的公司或超市来订购	8	4.8	20	40.0	53	77.9
	出口	0	0.0	10	20.0	3	4.4

续表 4-6

农产品销售情况		分散农户		"农民专业合作社+农户"		"公司+农户"	
		频数	比例(%)	频数	比例(%)	频数	比例(%)
出售的农产品有没有自己的品牌	没有	157	95.2	18	36.0	20	29.4
	有	8	4.8	32	64.0	48	70.6
出售农产品时是否对其进行了包装销售	没有进行包装	140	84.8	10	20.0	23	33.8
	进行了简单包装	18	10.9	15	30.0	20	29.4
	进行了比较精细的包装	7	4.2	25	50.0	25	36.8
出售的农产品经过食品安全认证了吗	没有	157	95.2	18	36.0	20	29.4
	经过了无公害食品认证	6	3.6	19	38.0	32	47.1
	经过了绿色食品认证	2	1.2	7	14.0	10	14.7
	经过了有机食品认证	0	0.0	6	12.0	6	8.8

4.2.4.9 激励与约束机制的对比

新制度经济学认为,信息不对称和人的有限理性给机会主义行为的存在提供了活动空间。由于农产品本身的特性,使消费者无法在购买前完全了解它的质量和安全性。所以,市场上农产品"以次充好"、造假的现象时有发生。为了减少生产者机会主义行为的发生,那就有必要设计各种防范机制来改变机会主义行为者的收益和成本预期,从而使其在权衡利弊后选择不实施机会主义行为的策略。一般来讲,防范机制主要包括监督机制和激励机制两种(王军,2011)[59]。

从调查中发现,86.1%的分散农户若出售伪劣食品的话不会受到任何的惩罚措施,只有13.9%的分散农户才有可能受到有关部门的惩罚,多数是罚款和没收其不合格产品。而且几乎所有的分散农户若生产安全农产品的话也没有任何的奖励措施。这表明我国政府在食品的安全监管和激励引导这一方面做得还是极为不够的。74%的参与农民专业合作社的农户都会受到来自组织和政府方面的监管,当然如果能够生产出高质量农产品的话,也能受到一定的奖励。这主要是因为许多合作组织的经营者会对社员的生产过程进行监督。比如,合作社强化产品质量是在生产过程中实施统一供给、统一服务、统一技术、统一销售等一条龙的服务模式。有的合作社还会雇用专门的植保员定期或不定期地检查社员的生产情况,检查的内容主要包括是田间管理是否符合标准、是否施用违禁药品、农药施用量是否超标等。合作社还会购买相应的检测设备或雇用有经验的人对社员交售的产品进行检测,若产品或生产过程不符合要求的话合作社就会对其农户进行教育、罚款和要求退社。一些合作社会采取二次返利的政策来提高社员生产优质农产品的积极性。二次返利多少不仅依据社员所交售产品的数量确定,还依据其所交售产品的质量确定。几乎所有参加"公司+农户"模式的农户若出售质量不达标产品的话,都会受到公司不按合同收购其生产的农产品的惩罚措施。然而,只有33.8%的农户会受到公司的一些奖励。比如,下一年会被优先收购农产品。由此可见,政府或组织对农户生产优质农产品的激励是非常不够的。尤其是分散农户和参加"公司+农户"模式的农户根本都得不到任何经济上的奖励,这很大程度上影响了农民生产安全农产品的积极性。

4.2.4.10 农户面临的困难对比

农户在农业生产过程中会遇到各种各样的困难,但这些困难总有主次和轻重之分,在调查表中设置了缺乏资金、缺技术、缺有效信息、安全生产资料难买等变量,农户可以多选,以便确定主次。

据调查统计,这3种性质的农户最主要的困难还是缺乏资金,所占比例分别为93.3%、90%和77.9%。可见,国家对农业的资本投入还是非常少的。其次是缺技术,所占比例分别为89.1%、56%和61.8%,说明我国农业生产技术有效供给还是相当不足的；另一方面也同时说明我国农业生产技术还是比较低下和落后的。虽然大多数合作社和龙头企业能够为成员提供生产服务和技术培训指导，但总体上的服务功能还很不完善，尤其是合作社普遍缺乏资金服务功能。从农户在生产过程中遇到的主要困难可以看出，农户们最需要政府提供的是资金支持。分散农户其次需要政府做的是提供免费产地环境检测和生产资料；参与农民专业合作社的农户需要的是政府免费提供检测和技术培训与指导；参加“公司 + 农户”模式的农户需要的也是政府免费提供检测和技术培训与指导。

4.3 小结

（1）农户食品安全生产行为与其生产组织化程度密切相关，总而言之，参加农民专业合作社的农户及与公司签订合同的农户比分散农户生产安全农产品的概率要高得多。这主要是因为参加组织的农户在其自身情况、认知水平、生产操作过程、销售方式和奖罚机制方面都不同程度地保证了食品的安全性。应让分散农户参与到农业产业化组织当中去。

（2）“农民专业合作社 + 农户”模式与“公司 + 农户”模式在保证食品安全性方面都有着各自的优势和不足。大多数农民专业合作社能够为成员提供生产服务，但在产后销售环节中多停留在联系客户和中介推销的层次上，而且合作组织普遍缺乏资金服务功能。“公司 + 农户”模式中公司能在一定程度上对合同农户生产进行有效的控制。比如在生产过程中免费给予农户技术指导，有的企业还为农户提供种子、化肥等生产资料。在销售方面更是能进行深加工，创造品牌。但由于公司只能在保护价上收购农产品，农户得不到其他环节上的利润。所以“公司 + 农户”模式中的奖励机制是不够的，农民生产优质农产品的积极性也不是很高。总之,我国农业组织化程度较低,应加强生产组织方式的创新和完善内部机制,不断规范和引导农户的安全生产行为。

(3)我国农户自身力量很薄弱,因此在农产品生产,尤其是安全农产品生产过程中,农户面临着很多困难,需要政府积极给予帮助。农户不仅需要政府在发展战略和法律法规制定方面提供制度保障,更需要政府采取实际行动,走进基层为农民谋福利,为农业谋发展,比如提供资金、对产地环境进行免费检测,并根据环境的不同提供技术和农户购买生产资料方面的指导。

5

我国农业生产组织模式对良好农业规范实施的影响分析

5.1 中国良好农业规范的制定与发展

为了提高我国农产品质量安全水平，从食品链的源头控制食品安全危害，增强消费者信心，促进农产品出口贸易，推进农业的可持续发展。我国于2003年4月，由国家认证认可监督委员会首次提出在我国食品链源头引进并建立良好农业规范体系。2004年，国家认证认可监督管理委员会组织质检、农业、认证认可行业专家启动了ChinaGAP标准的编写和制定工作。在EurepGAP 2005年2.0版的基础上，遵循FAO确定的基本原则，结合中国的国情，研究并制定了中国良好农业生产规范的合格评价体系，即ChinaGAP。2005年12月31日发布首批良好农业规范GB/T 20014.1—20014.11—2005共11项国家标准，2006年5月1日起正式实施，涵盖大田作物、水果、蔬菜、牛羊、奶牛、猪、家禽等种植业、养殖业的主要产品。

为了加强良好农业生产规范国家标准的贯彻实施，推动良好农业规范认证活动，国家认监委于2006年1月24日发布了《良好农业规范认证实施规则（试行）》(CNCA-N-004;2006)，规定了获得和保持良好农业规范认证所应遵循的程序和要求，适用于与标准配套的作物、水果、蔬菜、肉牛、肉羊、奶牛、猪和家禽生产的良好规范认证活动。这标志着良好农业规范国家认证制度正式建立。根据标准的实施情况，2007年对GB/T 20014.2—20014.10进行了修订，修订后的标准于2008年5月发布，2008年10月1日起正式实施。

2007年7月GloblGAP改版，2007年8月为满足我国和国际互认的需要，同时配合茶叶、水产良好农业规范认证工作的展开，根据GAP试点工作的经验和问题，再次组织一部分专家对《良好农业规范认证实施规则（试行）》(CNCA-N-004;2006)进行修订，发布了《良好农业规范认证实施规则》(CNCA-N-004;2007)。

2012年，国家认监委认证认可技术研究所根据我国农业经营方式的特点，在对我国良好农业规范现有标准开展适用性分析研究的基础上，以食品安全、产品追溯、投入物质控制等为核心，以现有的GB/T 20014《良好农业规范》系列标准为基础，结合GlobalGAP第四版标准，完成了我国良好农业规范的农场基础、作物模块、畜禽模块、水产模块的良好农业规范标准体系的编制；同时编制了适宜不同组织模式特点和我国小农经济特点的我国农业方式特点的良好农业规范国家标准实施指南，确保不同文化背景农户和组织能够准确理解和实施。目前最新标准体系为GB/T 20014.2—2012。

我国的ChinaGAP标准充分考虑了我国的农业生产特点，将认证分为2个级别的认证：一级认证与GlobalGAP的要求一致；二级认证考虑了我国实际农业生产要求。既保证了ChinaGAP在我国的适用性，也为消除国际贸易壁垒奠定了基础，是对国际 GAP 标准体系的创新和丰富。

从认证企业来看，目前共有 15 家认证机构，600 多人获得了良好农业规范认证注册检查员资格，先后在 23 个省市自治区的 1 000 多家企业开展了良好农业生产规范认证和标准化试点活动，从 2005 年 6 月颁发第一张 China-GAP 认证证书至 2013 年底，共颁发了 2 606 张认证证书。随着我国 GAP 标准和认证体系建立和完善，美国、欧盟、加拿大、新加坡、日本、泰国、智利等国家和地区的相关组织，纷纷加强了与我国认监委在 GAP 方面的技术交流与合作，积极探讨互认途径和方式。2009 年 2 月国家认监委与 GlobalGAP 秘书处签署了 ChinaGAP 和 GlobalGAP 互认协议。ChinaGAP 认证成为我国第一项被相关国际组织承认并采用的食品及农产品认证，将对我国食品及农产品出口发挥积极作用，进一步增进国际社会对我国食品及农产品质量和安全的信心。

5.2 中国良好农业规范认证中的利益相关者分析

5.2.1 政府

GAP 推行，可以减轻政府面临的日益严重的食品安全问题所带来的压力，使得化肥和农药的滥用得以控制，有利于对环境的保护和农业自然资源的可持续利用。对于我国来说，还可以通过 GAP 的实施巩固并扩大农产品出口市场，带动农产品贸易的发展。但是，鉴于我们农业生产的基本国情，食品安全和环境保护的公共物品性质，以及农业的弱质性，要在较大的范围内推行 GAP，政府必须出台一系列的扶持政策，增加对农业基础设施和培训教育等方面的补贴，并加强对认证申请人或团体的监督管理，这在一定程度上会增加政府支出。

5.2.2 生产者

GAP倡导的是一种新的生产理念和新的生产方式,GAP的实施对于生产者而言,既可谓机遇,也意味着挑战。其好处在于通过GAP认证,可以获得高价值的市场准入,从而增强其商业竞争力,可以保持农业资源(水、土壤、植物、动物等)的可持续性,可以保护劳动者的利益,可以改善生产管理技能,降低采后损失,可以提高产品质量。但是,作为生产者,为实施GAP需要付出较大的成本,这些成本包括基础设施投资(为改善灌溉条件、建设田间道路,建立农药化肥储藏室,农产品采后处置设施等)、各种检测费用(土壤、水质、农药兽药残留等),还包括学习成本和训练费用,以及为改善劳动者工作条件,加强对劳动者保护的投入。对于生产者组织来说,其管理和协调费用、对小农户的监督检查费用都会大幅度提高。

5.2.3 消费者

基于消费者和生产者之间的信息不对称,消费者对农产品的质量很难识别,这在很大程度上诱发了部分生产者的道德风险,给食品安全埋下了隐患。消费者无法同生产者进行沟通,更无从对生产者进行监督。GAP标准的实施,由商业超市、农贸市场等零售商把关食品的安全性,由认证公司监督食品的生产和加工过程,使得食品安全保证的监督链条缩短,监督效率提高。而且,超市和认证机构的联合大大加强了同生产者的谈判能力,为满足消费者的期望提供了有利条件,使消费者的福利得以改善。同时,GAP认证制度中的可追溯体系使得有关食品生产的各方面信息能够被消费者查询,加强了消费者的信心。

5.2.4 认证公司

作为独立的第三方监督机构，负有确保认证真实有效的责任，以自己的信誉保障GAP的实施。尽管在认证程序设计中有对生产者的激励和惩罚监督的制度安排，但生产者降低成本、追逐利润的动机以及繁琐的操作程序和昂贵的检测费用，都可能诱导其机会主义行为，使生产者背离正确的操作程序，认证公司的监督水平和质量在很大程度上决定着认证的有效性。

5.2.5 零售商

推行GAP认证制度，可以树立消费者对农产品的信心，可以用制度保证农产品的食品安全；零售商商实际上将监督食品安全的成本转嫁给认证公司，利用第三方认证制度和可追溯制度来保证食品安全。监督链条的缩短，既节约了监督成本又转移了风险。同时，统一的产品认证制度，减少了零售商的检验成本。总之，GAP认证制度的推行能够使零售商不仅取得了成本减少、风险降低的好处，而且更加容易得到消费者的信赖，获取竞争优势。

5.3 不同组织模式的良好农业规范比较分析

5.3.1 散户模式下中国良好农业规范的推行

5.3.1.1 散户的含义和特征

散户即中国农村广泛存在的分散、独立进行经营的小农户。据2012中国统计年鉴，目前我国共有2亿多个农村住户，农村人口数为6.5亿多人，其中,80%以上为散户。小农户作为我国农业的基本生产经营单位,这是中国改革开放实行家庭联产承包责任制的结果,同时也是符合我国资源禀赋的。散户的主要特征有以下几点。

第一,规模小,个体家庭分散经营,生产资料个人所有,独立劳动。中国农村人均耕地面积为 0.18 hm^2,平均每户则为 0.48 hm^2,土地分散在每个独立的农户手中,农户之间缺少分工协作,具有很强的趋同性。

第二,农户经济实力薄弱。由于农业的弱质性、农产品的需求弹性小、粮食商品化率低等原因,农户的经济收入普遍处于较低水平。再者,缺乏有效的融资渠道也制约了农户的发展。

第三,受教育程度低。绝大多数农户的教育水平为中、小学水平,高中以上学历的不到农村人口总数的10%。

第四,分散农户经营活动局限于农业生产领域,同农业产前、产中、产后服务部门相互分离,处于半自然经济状态,与我国大力倡导并发展的农业市场经济脱节严重。

5.3.1.2 散户模式的经济学分析

(1)成本收益分析。对于理性生产者而来,利润最大化是其进行生产经营活动的主要目标和动力。分散小农户安排其生产经营活动同样依据于成本收益分析,良好农业规范能否被散户接受并成功运行,取决于散户能否从良好农业规范认证中获得经济收益。

散户进行良好农业规范认证的成本构成包括:认证费用、基础建设费用、设备购置费用和人员培训培养费用。其收益就是其出售的认证产品的数量乘以其价格。我们来看良好农业规范认证的收费标准,如表 5-1 所示。

表 5-1　良好农业规范(GAP)认证收费标准一览表

序号	收费项目	收费标准(RMB)
1	申请费	1 000 元
2	检查费	3 000 元 × x
3	批准与注册费	2 000 元
4	监督检查费 *	1 500 元
5	检测费(需要时)	由检测单位按国家规定的检验费标准收取
6	年金	2 000 元

注:数据来源:湖北认证网 http://www.hnrzw.com/show_news.asp? newsid=496

表 5-1 中,x 为生产规模及工艺复杂系数,对于大田作物,规模≤1 000 亩时,对于果蔬,规模≤300 时,$x=4$。散户的种植规模平均为 0.48 公顷,相当于 7.2 亩,则认证费用在不算检测费的时候为 18 500 元。再加上水利、仓储、卫生等基础设施建设费用,防护服、工具、劳保等设备材料的购置费用,人员的培训费用,已经远远超出了散户的承受能力。

对于经过 GAP 认证后产品的价格,因为国内消费者的认知认可水平低,GAP 认证产品并没有很好的价格回馈,而小农也缺乏开拓国际市场的能力,所以不存在收益能够弥补成本的情况。

所以,对于散户来说,理性的选择就是不去进行 GAP 认证,而现实中也的确不存在小规模散户进行 GAP 认证的情况。

(2)交易成本分析。如果散户借助外部力量进行 GAP 认证,其交易成本也相当高昂。以家庭为单位的分散经营,组织化程度低,决策相互独立又高度分散,农户对市场的影响甚微,无法形成代表农户自身利益的组织和团体,在市场谈判中处于被动地位,自身利益得不到有效保障,农户都只能是价格的被动接受者,对被扭曲的市场和各种非正当竞争无法抗衡。以家庭为主体的小生产游离于社会化大市场之外，农户商品意识不强，信息不灵，市场预测能力差，生产经营不够理性，经常出现“买难”、“卖难”的无规则振荡，小生产与大市场难以耦合。

从而我们可以得到散户模式下推行 GAP 认证的交易成本如表 5-2 所示。

表 5-2　散户模式下推行 GAP 认证的交易成本分析表

交易费用类型	衡量	承受能力
搜寻成本	高	不能承受
信息成本	高	不能承受
议价成本	高	不能承受
决策成本	低	可以承受
监督成本	高	不能承受
约束成本	高	不能承受

可见总体交易成本是不能承受的，即散户即使在外部力量帮助下通过 GAP 认证，但其参与市场交易时过高的交易成本使得 GAP 认证是没有效率的，散户有很大的退出意向。

(3)其他利益相关者分析。从政府的角度来看，分散小农户模式下推行良好农业规范，如此大范围的推广对于减轻政府面临的日益严重的食品安全问题所带来的压力，使化肥和农药的滥用得以控制，环境保护和农业自然资源的可持续利用，巩固并扩大农产品出口市场大有助益。但是分散小农户基础薄弱使得政府不得不提供大量的财政补贴和优惠扶持政策，同时为了保证良好农业规范的实施效果，政府还需要对分散小农户进行监督管理工作，从而大大增加了政府的财政负担和行政成本。

从消费者的角度来看，分散小农户模式下推行良好农业规范，使得大部分农产品和食品的质量安全得到了保障，并且第三方认证制度和可追溯体系能够有效地解决农产品食品质量安全方面信息不对称的问题，使得消费者的权益得到了较好的保障。

从认证公司的角度来看，因为认证公司要以自己的信誉保障 GAP 的实施，所以认证公司的监督水平和质量在很大程度上决定着认证的有效性。众多分散小农户进行 GAP 认证，信息不对称问题加剧，认证公司监督难度加大。限于自身技能水平和自身利益最大化的动机，小农户具有机会主义行为倾向，容易发生败德行为。这就使得 GAP 认证的有效性难以保证，会严重损害认证公司信誉。

从零售商的角度来看，由于分散小农户食品安全生产行为的不可控，及其参与市场交易的随意性，使得零售商更倾向于和规模较大、组织性较强的生产者或生产者组织进行合作，以减少零售商的监督和检验成本。

(4)散户模式小结。GlobalGAP 的制度设计适合于大规模、资本雄厚的农业生产者，目前中国良好农业规范 ChinaGAP 的制度设计是参照 GlobalGAP 制定的，高昂的投入费用和复杂的管理流程，对于中国广大的分散小农户来说，是无法克服的“进入障碍”。所以，在没有外部力量帮助的情况下，散户模式下推行现行的 ChinaGAP，几无可行。即便在外部力量的帮助下，分散小农户进行 GAP 认证，由于分散小农户参与市场交易时交易成本过高，需要政府大量的财政补贴和优惠扶持政策，再加上认证公司积极性不高和无法取得零售商信任等因素，散户模式下推行良好农业规范认证是无效率的。所以，在现有条件下，散户模式是不适合推行 GAP 认证。

5.3.2 “公司 + 农户”模式下良好农业规范的推行

5.3.2.1 “公司 + 农户”的含义和特征

“公司 + 农户”或者“龙头企业 + 农户”是我国农业产业化经营过程中涌

现的一种重要的农业产业化组织模式。与分散小农户相比，“公司+农户”模式通过把广大农户聚集在一些龙头企业周围，一定程度上弥补了分散小农户的市场缺陷，具有较好的对市场经济的适应性。从理论上讲，“公司+农户”模式是一种内涵广泛的组织制度安排。在实际运作中，不同的龙头企业与不同组织形式的农户或以签约形式建立互惠互利的供销关系，或建立合资、入股的紧密型联合，或者是不受合同约束的松散型联合，产生了形式各异的具体实现形式。

常见的几种“公司+农户”模式分别为：①“公司+小农户”模式；即公司与农户在平等、自愿、互利的基础上签订经济合同，明确各自的权利和义务及违约责任，通过契约机制结成利益共同体，公司向农户提供产前、产中和产后服务，按合同规定收购农户生产的产品，建立稳定供销关系的合作模式。②“公司+大农户”模式；是在“公司+小农户”的基础上，根据其出现的履约率低、监督管理难等问题，而做出的改进。在理论意义上没有区别，在组织形式上转变为：公司从分散小农户手中租用土地，然后倒包给少数几个农户种植，即“转租倒包”，或公司直接与大规模农户合作，从而形成“公司+大农户”的组织模式。③“公司+农民专业合作社+农户”模式；该模式下，农户依托农民专业合作社与公司开展各方面的合作关系。农户的组织管理、协调激励工作由农民专业合作社负责，公司作为农民专业合作社与市场之间的纽带，双方互惠互利。

无论哪一种“公司+农户”模式，都是凭借公司或龙头企业的资本优势，将农业产业链诸环节整合起来形成产供销、种养加、贸工农一体化经营，提高农产品的附加值，促进农产品流通，实现公司盈利，农户增收的双赢局面，促进了我国农业市场化的发展。

5.3.2.2 “公司+农户”模式的经济学分析

(1)GAP认证的总体收益分析。中国良好农业规范实践是从农业公司或农业龙头企业开始的,公司或龙头企业凭借其资本、技术、规模、组织管理、市场活力等方面的优势,在ChinaGAP的试点和推广过程中,起着非常重要的作用。

根据课题组对GAP认证试点企业的问卷调查显示:其中多数企业认为参与GAP认证后,企业生产成本变化不大,多数企业认为参与GAP认证后企业利润增加了5%～10%,有的甚至增加了11%～20%。Kai Mauscha等对肯尼亚蔬菜出口市场中规模较大的生产者进行GAP认证情况调查显示,其进行GAP认证增加的成本低于其因进行GAP认证而增加的收益。

企业生产成本变化不大的原因主要有三点:一是农业基础设施和农业生产工具设备相对完善;二是公司在GAP认证之前,大多有进行其他如有机认证或绿色产品认证的经历和基础,既节省了相关检验检测费用,又培育了相关工作人员,节省了很多员工培训费用;三是公司所拥有的土地规模较大,具有良好的规模效应,GAP认证成本因此成了一个相对较小的边际成本。

在成本变化不大的基础上,公司充分利用其市场活力,积极开拓国际市场,因而取得了5%～20%的利润增加。综上分析,我们发现,“公司+农户”模式相对于散户模式,公司的加入,弥补了散户在资本、技术、管理、规模、市场活力等方面的不足,使得该模式适合推行GAP认证,并且已经试点成功。GAP认证给公司尤其是之前有其他认证经历的公司带来了比较可观的利润增加。

(2)交易成本分析。在“公司+农户”模式下推行GAP认证,对于主要的“公司+小农户”、“公司+大农户”和“公司+农民专业合作社+农户”三种类型中的公司来说,因为公司的资本优势和公司信誉,交易成本中的搜寻成本、信息成本、议价成本、决策成本、约束成本都是比较低的，监督成本则因为和农户之间的合作关系不同以及农户的组织规模不同而各不相同，具体的交易成本分析如表 5-3 和表 5-4 所示。

表 5-3 "公司 + 小农户"模式下推行 GAP 认证的交易成本分析表

交易费用类型	衡量	承受能力
搜寻成本	低	可以承受
信息成本	低	可以承受
议价成本	低	可以承受
决策成本	低	可以承受
监督成本	高	困难
约束成本	低	可以承受

表 5-4 "公司 + 大农户"模式下推行 GAP 认证的交易成本分析表

交易费用类型	衡量	承受能力
搜寻成本	低	可以承受
信息成本	低	可以承受
议价成本	低	可以承受
决策成本	低	可以承受
监督成本	低	可以承受
约束成本	低	可以承受

"公司 + 小农户"模式，由于公司直接与数量众多的小农户直接合作，小农户的监督管理工作难度很大，从而使得监督成本过高。当小农户的机会主义行为过多时会严重影响 GAP 认证的效果和成功率，也使得公司和小农户之间的契约难以履行。

"公司 + 大农户"正是在"公司 + 小农户"的基础上，根据其履约率低和监督管理难等问题，做出的调整和改进。公司不再面对广大的小农户，而是与自己挑选的优质大农户合作，有效地降低了监督成本，并使得合作的稳定性大大增强。

“公司＋农民专业合作社＋农户”模式，农户通过组建农民专业合作社作，提高了自身的经济实力、抗风险能力以及市场谈判能力，从而使得在和公司的合作中，地位更加的平等，也能更好地维护自身的利益。公司通过农民专业合作社来规范、约束和监督农户的行为，减少了搜寻成本、信息成本和监督成本（表5-5）。

表5-5 “公司＋农民专业合作社＋农户”模式下推行GAP认证的交易成本分析表

交易费用类型	衡量	承受能力
搜寻成本	低	可以承受
信息成本	低	可以承受
议价成本	低	可以承受
决策成本	低	可以承受
监督成本	低	可以承受
约束成本	低	可以承受

通过交易成本分析可知，在“公司＋农户”模式下，交易成本整体可控且在可承受能力范围之内。从而我们可以得出，“公司＋农户”模式是适合推行GAP认证的。

(3)不完全契约问题。“公司＋农户”模式下推行GAP认证，主要的不完全契约问题有：因资产专用性而导致的农户被“敲竹杠”问题，市场价格与合同价格不一致时的双方履约难问题，以及出现违规行为时的惩罚问题。

目前，GAP认证产品主要是出口，公司多为订单式生产，即在接到国外客户订单后再安排生产。这就使得与公司签订供销合作关系的农户们在生产投入和产品方面有很大的资产专用性。契约虽然规定了公司的收购义务，但是无法对产品的形态、质量等方面做了详细规定，从而导致了农户被“敲竹杠”的问题。

当市场价格和合同价格出现不一致的情况下(这是普遍情况),公司和农户双方都有机会主义行为的倾向。具体而言就是,当市场价格高于合同价格时,农户倾向于违约,而当市场价格低于合同价格时,公司倾向于违约。据相关调查,在“公司+农户”模式下,双方的履约率不超过10%[60]。

GAP认证有严格投入品限制、地块隔离、从种植到收获的操作规范,任何一个方面的不达标都会影响到GAP认证的有效性。在常见的公司和农户的合同中,公司往往利用其在信息收集、谈判能力等方面的优势详细地规定了农户可能出现的违规行为并有相应的惩罚措施,但是对于公司自身出现违规行为的情况并不提及也没有相应的惩罚措施。

“公司+农户”模式是不同利益主体的外部组合,公司与农户之间缺少一种科学规范的“组织链”和制度约束,无法形成风险共担、利益共享的利益共同体[61]。这也是上述问题产生的根源。而上述问题的解决则在于完善和严格的立法,以规范公司和农户双方的行为。

(4)其他利益相关者分析。从政府的角度来看,“公司+农户”模式下推行良好农业规范,由于公司可以承担GAP认证的投入成本,因此政府的投入就相应减少,且政府可以把力量集中于标准制定、法律法规建设等方面,对公司的监督管理工作也更加容易。

从消费者的角度来看,公司的实力和信誉可以为其GAP认证提供担保,而且公司的品牌效应也更容易取得消费者信任,建立消费者信心。

从认证公司的角度来看,“公司+农户”模式下进行GAP认证,能够保证GAP认证的有效性,并且监督管理成本更低。在发生违规操作等败德行为时,惩罚措施更容易实施。从而保障了认证公司的信誉和利益。

从零售商的角度来看,与公司更容易建立长期、稳定的合作关系。

典型调研案例 1——肥城天和食品有限公司

GAP 认证企业：山东省泰安市肥城天和食品有限公司（以下简称肥城天和），是一家集有机蔬菜种植、加工、外销于一体的综合性出口企业。产品主要有速冻有机绿花菜、白花菜、胡萝卜、菠菜、毛豆、青刀豆、绿芦笋、甜玉米、草莓、苹果、梨、板栗、核桃等，年生产速冻蔬菜能力 5 000 t，干鲜果 2 000 t。

主要认证：HACCP，GlobalGAP（EUREP-GAP），NOP，FDA，BRC，KOSHER。

GAP 认证情况见表 5-6。

表 5-6　肥城天和 GAP 认证基本情况

时间	组织模式	级别	品种	面积（亩）	成本
2010 年至今	公司 + 大农户	GlobalGAP	毛豆、西兰花、白花菜	≥300	公司承担

调研发现：认证原因为应国外客户要求，认证产品主要是出口；生产成本明显增加，其中检测费用和培训费用为主要部分；GAP 认证程序繁多，细节要求严格，每个操作环节要有文档记录，使得实际实行起来难度很大，后续检查中多次发现如施药防护服的短缺、农药托盘数量不够等问题；在公司和农户的契约合同中，公司对农户的行为作了明确要求并有相应的违约惩罚措施，但没有涉及公司的违约行为及其相应的惩罚条款，明显反映出公司同农户地位、权利和责任的不平等；GAP 认证产品国内消费者认知水平低，国内需求严重不足；政府方面对 GAP 认证的支持不力，使得已经参加 GAP 认证和有意向参加 GAP 认证的企业和组织无法得到有力的政策和财务方面的支持，积极性降低。

典型案例 2——河北中绿食品开发有限公司

中绿（河北）食品开发有限公司是为中国绿色食品（控股）集团有限公司

的下属子公司，总部设在厦门。公司于 2004 年 4 月在中国河北省投资兴建，注册资本为 144.6 万美元（约合 1 200 万元人民币），总投资 5 064.71 万元。其中固定资产投资 5 445 万元，现在总资产近 20 亿元。在国内有分（子）公司 9 家，是集绿色农产品种植、保鲜、深加工及绿色食品研发、销售为一体。集团现有 20 多个自有栽培基地，种植面积 40 万亩，20 多条生产流水线，生产产品有方便面、大米、饮料等 9 大系列上百种产品。公司厂区占地 90 亩，其中第一期占地 30 亩，土建面积超过 9 000 m^2，具有 1 000 t 的保鲜产品配套生产能力。公司拥有最现代的保鲜、加工、冷藏设备，最规范的工业操作程序和最新的食品加工、检测、储藏技术，严格按照绿色食品生产标准，对农产品的种植、加工、食品生产全过程严格实施安全控制，先后通过 ISO 9001：2000、QS、HACCP 认证，是河北省农业产业化重点龙头企业。公司集种植、加工、保鲜、销售于一体，采用“农场 + 工厂”，以销定产的经营模式，致力于甜玉米、糯玉米、燕麦、红萝卜、西芹、马铃薯、洋葱、西兰花、草莓等果蔬产品的种植、保鲜、速冻、冷藏、水煮、腌渍以及饮料的开发与生产。目前主要产品有速冻甜玉米粒、水煮真空包装甜玉米、保鲜速冻蔬菜系列，与产品相配套的冷库储存能力 3 000 多 t，主要生产设备有制冷机、高压杀菌锅、真空包装机、多功能切菜机、锅炉、前处理设备等，一条 2T/IQF 单冻机生产线。2008 年增加投产一条 5T/IQF单冻机生产流水线，（全国仅有 4 条，在国内处于领先地位）进口剥皮机。目前 IQF 单冻能力达 150 t/d，水煮加工能力达 10 万袋/d，剥甜玉米皮 250 亩/d，产品经加工后销往美国、日本、韩国、俄罗斯和我国香港等国家和地区，是世界 500 强“麦当劳”在中国北方的主要供应商。而公司在国内重点销往长江以北地区，国外主要销往日本、韩国、东南亚和俄罗斯，并将进一步扩大到欧美市场。

采取“公司 + 基地 + 农户”的经营模式，2013 年基地种植 1 万亩，种植基地要逐步发展到5万亩以上。公司现有员工500人，其中长期用工100人，季节性用工400人，几年来相继通过了食品安全控制HACCP认证、国家标准质量管理体系ISO 9001—2000认证、食品质量安全QS认证和出口食品卫生注册。2010年4月速冻甜玉米粒获得绿色食品认证，2006年、2007年、2009年、2010年分别被省、市政府评定为农业产业化重点龙头企业。

公司在原有的基础上，筹划投入二期生产线，项目总投资25 575万元。该项目占地60亩，总建筑面积为24 300 m^2。购置饮料生产线9条，主要以饮料加工为主，预计每天可生产饮料135万包。可增加销售收入6亿多元。

中绿集团为强有力的推进企业的壮大发展，力求创建100%绿色、100%安全、100%健康的品质工程，打造中国全程绿色快速消费品第一品牌。

主要认证：HACCP认证、ISO 9001—2000认证、QS认证；出口食品卫生注册；绿色食品认证。

销售：内销外销均有，是世界500强企业供应商。

存在的主要问题是对农户的监督管理成本高。公司通过地方政府和村级经济合作组织同农民签订契约，为防止生产过程的投入品管理风险，公司会暗查农民的操作，加大风险发现的概率，一旦发现违约，就会威胁退出。前几年公司老总庄总曾发现一个农户打违禁农药，公司被迫中断同整个村级经济组织的合作。这使得前期公司的运作投入都打了水漂。也影响了公司的出口。为防止农户在销售环节上的违约，公司甚至联合地方政府的执法部门，设置关卡对来往运输货物进行检查，一旦发现外地商家来本地收购公司的产品，地方工商部门就予以没受，并与公司分成。尽管手段违法，但效果非常明显。在价格方面，同农民签有最低保护价，但遇到市场价格上扬时，如何确保农户也从中得到利益，尚无制度安排。

如何提高农户履约的积极性，实行风险分摊？我们认为要建立同农户风险承担能力相适应的价格安排制度的。具体来说:应该与农户和公司风险承担能力相匹配的价格制度安排,即公司承担风险的能力强,农户承担风险的能力弱,公司应制定最低收购价,当遇市场价格上扬时,公司应该提高收购价,提高农户履约的积极性。

典型案例3——张家口雪川农业

认证企业:张家口雪川农业发展有限公司

张家口雪川农业发展有限公司成立于2007年1月,注册资本5 000万元,现有员工240个,营销网络遍及21个省市自治区。是河北省重点项目,张家口市产业化龙头企业。

张家口雪川农业发展有限公司建于2007年,是一家集马铃薯新品种开发、脱毒苗生产、优质种薯生产、马铃薯产品加工销售为一体的综合性农业集团,致力于整合自然、人力和科技资源,通过不断创新,最大限度地挖掘马铃薯的价值,为国人提供优质、健康、安全、丰富、便捷的马铃薯产品。集团旗下拥有"内蒙古雪原马铃薯种业有限公司""锡林浩特塞纳雪川农牧业发展有限公司""克什克腾雪川农牧业科技有限公司""北京科技分公司""内蒙古西拉木伦雪川农场""内蒙古太仆寺旗雪川农场""江苏南通农场""广东中山农场""上海办事处"等多家专业分子公司、现代化农场和办事机构。

公司建成马铃薯现代生物技术实验室2座,并拥有2 400 m^2马铃薯生物技术组培中心1座,微型薯繁育基地50亩,马铃薯优质脱毒种薯繁育基地1万亩,全机械化现代农场6.8万亩,马铃薯储藏、综合加工园区1座。雪川农业集团是世界最大的马铃薯育种公司荷兰HZPC公司在中国的独家合作者,采用生物技术共同开展马铃薯新品种的引进选育、繁育推广等工作。雪川的脱毒种薯生产体系均采用欧洲的种薯生产技术和标准,经荷兰蔬菜花卉种子检验局(NAK)检测,已达到欧洲同等产品标准;所有农场均使用欧美进口的机械设备，采用现代化、规模化、专业化生产模式，全程标准化生产。“雪川农业”是国内率先通过了GlobalGAP全球良好农业规范、ISO 9000质量管理体系和ISO 22000食品安全管理体系三项认证的马铃薯公司。生产全过程严格监控，通过了乐购、麦德龙等跨国超市对生产管理及食品安全追溯方面严格的综合评审，成为其优质供应商。雪川与荷兰、美国、德国等各大学、马铃薯研究机构、马铃薯专业公司开展多项技术交流与业务合作。

注册资本：人民币5 000万元

主要市场：中国大陆和港澳台地区，日本；

经营模式：生产加工；

所属行业：新鲜蔬菜、淀粉、农副产品加工；

产品信息：马铃薯鲜薯、蔬菜、马铃薯薯条、马铃薯全粉；

主要认证：GlobaGAP认证、ISO 9000和ISO 22000质量管理体系认证。

关于公司的具体认证情况：

2007年注册成立，主要种植马铃薯；240名正式员工；注册资金5 495万元；营销网络遍及21个省市自治区；世界最大马铃薯育种公司荷兰HZPC在亚太地区的唯一合作伙伴；国家级农业产业化龙头企业。

主要认证：GlobaGAP认证、ISO 9000和ISO 22000质量管理体系认证。

公司在河北坝上、内蒙古等地投资建设了5个超大型全机械化马铃薯现代种植农场，所有农场都具有高度的隔离条件和良好的自然资源，土地、水源、空气清洁无污染。生产全程采用GlobalGAP全球良好农业规范标准严格控制。雪川农业的每个土豆以及马铃薯制品从4年以前就在雪川的产业链体系内在严格的过程监控下生产，从源头确保了雪川产品的食品安全。

雪川农业已经通过GlobalGAP“农场基础”“作物基础”“水果蔬菜”三个

模块共238项约束条款的认证，对土壤、水源、农资、过程操作、储运等从农田到餐桌全过程进行严格监控和规范管理，确保食品的安全。

雪川农业于2008年通过了ChinaGAP的一级认证。

雪川农业通过了HACCP认证，确保食品在生产、加工、制造、准备等过程中的安全，我们本着对消费者负责，对企业负责，对合作伙伴负责的态度，严把质量关。这不仅是雪川农业自身的要求规范，也是雪川对消费者的责任。

雪川农业已经通过ISO 9001:2008质量管理认证，已在管理、实际工作、供应商和分销商关系及产品、市场、售后服务等所有方面建立起一套完善的质量管理体系，在各项管理系统整合上已达到了国际标准，能持续稳定地向顾客提供预期和满意的产品和服务(表5-7)。

表5-7　雪川农业的GAP认证基本情况

时间	组织模式	级别	品种	规模面积	成本
2010年至今	“公司+基地”	GlobalGAP (EUREP-GAP)	毛豆、西兰花、白花菜	1 200多亩	294万元

调研发现：认证原因为打造品牌；更好地同知名商家合作，取得稳定的销售渠道；提高产品质量。

销售渠道：进超市(乐购，麦德龙)。

价格无激励，没有高于同类产品的价格优势。

生产成本明显增加，其中检测费用和培训费用为主要部分。2012年为实施良好农业规范多增加的成本：土样检测费600元，化肥检测费620元(360+260)，水样检测费1 500元，叶片农残检测费13 200元，产地检疫费2 400元，产品农残检测费17 500元。1 200亩GAP认证总成本294万元，占比1.95%。

管理中存在的敷衍，为节约成本而减少检测，对雇佣季节工可能出现培训不够，使得某些规程流于形式而不能得到很好的遵守；政府补贴不够；缺乏价格激励。

公司聘请从地方政府退休的官员作为公司主管，从政府争取资金支持。

“公司+农户”模式小结

目前，ChinaGAP的发展处于初级阶段，从实际GAP认证操作到相关政策法规的制定都处于参照和摸索阶段，并且国内消费者对GAP的认知认可水平比较低，目前政府也没有明确的专门针对GAP认证的政策优惠和财政补贴。在这样的情况下，我们急需一种组织模式能够很好地适应GAP认证制度，起到牵头示范作用。

“公司+农户”模式相对于散户模式来说，公司的加入，带来了资本、技术、管理和市场活力，有效地弥补了分散小农户在GAP推广中面临的种种不足。中国第一批ChinaGAP试点单位中农业公司或龙头企业占了大多数，并且ChinaGAP发展所取得的很多成就和经验，就是来源于“公司+农户”模式。此外，很多农业公司和龙头企业，有其他认证（如无公害产品认证、绿色食品认证和有机食品认证）的经验和基础，开展GAP认证更为容易，整体成本更低，收益更高。从交易成本分析的角度来看，“公司+农户”模式把原本分开的在市场上进行交易活动的公司和农户通过各种经济契约关系“合并”到一个组织内部，大大节省了GAP推行的交易成本。从其他利益相关者的角度看，“公司+农户”模式可以使各利益相关者的利益得到保障。所以总的来说，在现阶段，“公司+农户”模式是最适合推广GAP认证的模式之一。政府现阶段应该重点推广“公司+农户”模式下GAP认证，以打破国际农产品贸易“绿色壁垒”，打造中国良好农业规范品牌，提升GAP认证的知名度，开拓国内市场。

但是“公司＋农户”模式自身有天然的缺陷，这限制了该模式的发展和推广，同时也限制了该模式在后续ChinaGAP推广中的作用。“公司＋农户”自身的问题和缺陷在于无法也不可能解决小规模弱小农户的利益保护和相关利润分享问题[62]，从而导致公司与农户之间的履约率低，合作关系不稳定。“公司＋农户”模式对农户的带动作用有限，而我国农业的基本国情恰恰是以小规模分散农户为主，这就决定了“公司＋农户”模式无法被广泛地推广和应用。

“公司＋农户”模式的定位和作用应该是ChinaGAP认证的先行者，推动ChinaGAP认证制度变迁的“第二行动集团”。但是，政府要制定相关的法律法规来规范公司和农户之间的契约关系，保护农户的利益。

5.3.3 “农民专业合作社”模式下良好农业规范的推行

5.3.3.1 农民专业合作社的含义和特征

农民专业合作社是改革开放以来随着中国农村的经济环境的变化而产生的一种新型的农村合作经济组织，《中华人民共和国农民专业合作社法》对农民专业合作社的定义为：农民专业合作社是在农村家庭承包经营基础上，同类农产品的生产经营者或者同类农业生产经营服务的提供者、利用者，自愿联合、民主管理的互助性经济组织。农民专业合作社的主要服务对象是其社员，提供农业生产资料的购买，农产品的销售、加工、运输、贮藏以及农业生产经营有关的技术、信息等服务。农民专业合作社与公司或龙头企业在组织目标、组织所有者、收益分配方式、风险承担方面有诸多差异，如表5-8所示。

表 5-8 农民专业合作社与公司或龙头企业异同

项目	组织形式	
	农民专业合作社	公司或龙头企业
组织目标	服务社员,增加社员收入	最大化企业利润
组织所有者	社员	投资者
收益分配	社员按股分红,按惠顾比例将盈余返还给社员	返还小部分利润给签约农户
法人地位	合法	合法
国家优惠政策	享受	享受
农户地位	实行民主管理,有投票权	谈判地位低,没有话语权
信息对称	社员间信息对称	企业和签约农户信息不对称
风险承担	社员共同承担	签约农户自行承担
社会功能	弥补市场机制缺陷,补充政府职能	企业功能

截止到 2011 年,全国在工商部门登记的农民专业合作社 44.6 万家,合作社实有入社成员 3 750 万户,占全国农户总数的 14.3%[63]。农民专业合作社可以实现交易的规模经济,降低农民的交易成本,提高农民在市场中的谈判地位,同时,抑制机会主义,改善市场信誉和市场结构,是适应市场经济发展的一种有效的组织模式。

5.3.3.2 农民专业合作社模式的经济学分析

(1)成本收益分析。根据河北经贸大学相关课题组*对我国浙江、河北和四川三个省份的农民专业合作的抽样调查显示:在全部 175 个有效样本中,合作社社员的平均值为 323 人,其中社员人数 50 人以上的占 71.4%,合作社注册资金的平均值为 104 万元,注册资金 20 万元以上的占 53.1%;在更能反映合作社的资金规模的合作社的股金额方面,合作社的股金额 20 万元以上

---

* 国家社会科学基金一般项目,项目编号:07BJY099。

的占66.7%，合作社的资产总额高于20万元的占67.3%；合作社2008年的平均销售额为460.3万元，其中销售额高于20万元的占89%。这些数据表明，农民专业合作社在规模、资金、盈利方面已经具备了进行GAP认证的能力。经过几年的发展，特别是政府对农民专业合作社有大量的政策优惠和财政补贴，农民专业合作社在各方面都有所加强，一些发展较快，实力较强的农民专业合作社的实力甚至超过了大多数的龙头企业。

从农民专业合作社的发展情况、农民专业合作社的规模、资金和营利能力来看，GAP认证的认证成本是农民专业合作社可以承担的，在成功进入国际市场或国内市场GAP认证产品得到足够的价格激励的情况下，农民专业合作社是可以从GAP认证中获利的。

(2)交易费用分析。农民专业合作社提高了农民的组织化程度，通过分散资源的整合和组织内部的分工协作节约了成本，实现了规模经济；规模的扩大提高了抵御农业自然风险的能力，同时组织化程度的提高，增加了获取市场信息的能力，可以根据市场需求有计划地安排生产经营活动，避免了生产的盲目性和随意性以及农户之间的无序、双亏的竞争，降低了市场风险；实力的提高，将技术研发，市场拓展，产品品牌经营及土地、劳动、资金等生产要素的重新组合纳入组织内部，能够显著提高农户的收益和农业生产的效率；同时，农民专业合作社是市场不完备和政府公共物品供给缺乏的补充，在农业和农村领域可通过内部化控制交易和组织成本，降低交易费用，提高农业和农村的经济效率，并且是农民利益的保护和国家惠农政策的实施的载体。

但合作社是一种通过联合行动追求集体利益目标的组织，由于个人利于与集体利益往往不完全一致，因此，对集体有益的目标难以自动实现。人数众多的大型农民专业合作社，“搭便车”行为是一个普遍现象，农民专业合作社内部组织成本较高，社员之间的协调和激励难度较大。总的看来，农民专业合作社模式下推行GAP认证，主要的交易成本构成如表5-9所示。

表5-9 农民专业合作社模式下推行GAP认证的交易成本分析表

交易费用类型	衡量	承受能力
搜寻成本	低	可以承受
信息成本	低	可以承受
议价成本	低	可以承受
决策成本	高	困难
监督成本	低	可以承受
约束成本	低	可以承受

总体交易成本可控，不会影响到GAP认证的推行，但是较高的内部组织成本限制了农民专业合作社的发展，节约的交易成本和增加的内部组织成本之间的权衡决定了合作社的生存空间。

(3)其他利益相关者分析。从政府的角度来看，农民专业合作社是政府大力推广的农业生产组织模式，它具备足够的资本和技术能力来进行GAP认证，不用政府大量的财政补贴，同时农民专业合作社还具有弥补市场缺陷，补充政府职能的社会功能。

从消费者的角度来看，农民专业合作社与公司一样，能够取得消费者信任，建立消费者信心。

从认证公司的角度来看，农民专业合作社作为认证申请组织，GAP认证的有效性能够得到保障、监督管理成本低。合作社内部农户之间的信息对称也更好地减少了农户的机会主义行为。

从零售商的角度来看，与农民专业合作社也可以更容易建立长期、稳定的合作关系。

(4)农民专业合作社模式小结。运行良好的农民专业合作社，既可以满足GAP认证需要的土地规模、资本投入和技术要求，而且其社员所有和利益共享所形成的激励机制，使得认证工作能够得到高效的实施。社员间的信息对称减少了管理监督成本，也避免了农户的机会主义行为。同时，农民专业合作社可以充当教育培训、信息传递媒介，提高农民素质，积累人力资本，为推广ChinaGAP打下良好的基础。

足够的经济实力，能够最大限度地发动和组织农户，政府政策和财政的支持，符合我国农业现代化和产业化的发展方向，决定了ChinaGAP推广和发展主要的实施模式必然是农民专业合作社，农民专业合作社将来会成为ChinaGAP认证的主力，这是充分考虑中国农业基本国情的最佳选择。

6

中国良好农业规范实施的优势与劣势分析

综合分析中国良好农业规范，我们的优势主要在于：①政府政策支持。ChinaGAP发展规划先后被有关部门列入《国家食品药品安全“十一五”规划》《全国农业和农村经济发展“十一五”规划》《“十一五”质量监督检验检疫专项规划》《农产品出口“十一五”发展规划》《标准化“十一五”发展规划》等文件中。2007年中央一号文件中，将实施GAP作为党中央、国务院积极发展现代农业，推进社会主义新农村建设的重要措施之一。②后发优势。ChinaGAP的起步较晚，但这使得我们可以从一个较高的起点开始。标准、技术、管理方法、组织模式、流通机制等一系列GAP涉及的领域，我们都可以在国外找到成功的经验和失败的教训，从而保证ChinaGAP在一开始就有明确的方向和可行的路径，既降低了风险又节约了成本。③有良好的工作基础。我国已初步建立起一整套食品质量安全监管制度和保障措施；已初步形成了门类齐全、结构相对合理、具有一定配套性和完整性的食品质量安全标准体系；已经培养了一大批农产品、食品安全领域的技术人才、认证人才和管理人才；全社会的质量安全意识也大幅度提高;这都为GAP的推广奠定了坚实的基础。④劳动力资源优势。发展GAP比常规农业需要更多劳动力,特别是在蔬菜、水果等劳动密集型农产品生产上,消耗劳动力数量大。我国可以化劳动力资源优势为GAP发展优势,进一步成为经济优势。

我们的劣势和问题主要有:①中国小农农业的国情与GAP制度设计之间的矛盾。中国农业目前的基本情况仍是以小农生产为主,广大分散小农户生产规模小,经济实力薄弱,独立分散经营,组织化程度低;我国农村地区基础设施落后,水利设施、道路和仓储设备等远远达不到GAP认证要求;农业从业人员素质不高,耕种方式、农业生产理念、环境保护意识都相对落后;农业生产的配套服务不完善,没有系统有效的农业产前、产中和产后服务体系。②市场需求不足。国内消费者对GAP认证认知认可程度不高,无法获得“货币投票”。同时,世界经济的不景气,导致国外需求也有所下降。③我国农业生产环境破坏污染严重。由于自然环境的变化和长时间粗放的农业生产模式,农业生产环境遭到了严重的破坏和污染。很多地区面临严重缺水、污水、土壤肥力下降、板结、有毒物质和重金属含量增高等严重问题,很多农业经营者在目前的生产环境下很难达到GAP认证的环境要求。④标准体系和认证体系不够完整规范。整体而言,ChinaGAP标准体系在适用性、完备性和可操作性上仍然存在很大的不足。我国认证体系的发展时间较短,存在大量的问题,认证体系不完整、机构繁多,各自为政、专业技术和人才不足,认证结果缺乏权威性、认证知识普及程度差、与国际接轨程度差等严重制约着ChinaGAP的推广和发展。⑤管理体系不完善。GlobalGAP的起源和发展,起主导力量的是市场因素。有别于此,ChinaGAP从引进到推广,政府都是绝对主导的力量。正因为如此,一套完善、协调的,涉及农业、环保、食品加工、商检、外贸等多领域和部门的GAP管理体系的建立就至关重要。GAP在我国全面的推广和落实，需要建立专门的发展协调机构，而目前我国在这方面还严重落后。

发展中国良好农业规范，我们也有很好的机遇：①国民经济的快速发展，人民生活水大幅提高，欧美的经济复苏，形成了潜力巨大的市场需求。人们对食品安全问题持续广泛的关注、人均收入的快速增长，环保意识的加强，使得人们更加倾向于购买高品质安全以及采用对环境和社会负责任的方式生产出的产品。②食品质量安全相关法律法规不断健全完善，国家努力打造公平、有序的竞争环境，使得采用对环境和社会负责任的方式生产出的产品更加具有竞争力。③中国政府大力推进农业的现代化、产业化和可持续发展，越来越重视农产品安全生产问题和食品安全问题，为良好农业规范的发展创造了历史性的机会。④中国加入 WTO 后农产品市场已经对外开放，加快了农业的国际化进程，有利于农业的经营管理、运作机制、人才培养与国际接轨。同时可促进中国农业借鉴国外的管理经验，积极地推进思维、技术、体制创新，提高产品档次，降低成本，完善服务质量，增强核心竞争力。

但同时也面临着如下威胁：①中国农产品认证市场混乱，中国良好农业规范认证自身定位不明确。目前中国农产品认证市场已经存在有机产品认证、绿色产品认证和无公害产品认证，消费者往往很难区分 GAP 认证产品和其他认证产品之间的差别，因而其他认证中出现的假冒伪劣、花钱买证和认少卖多等丑闻事件也严重影响到了 GAP 认证。②中国农村劳动力流失严重，大多青壮劳力外出打工，农村农业劳力大多为妇女、儿童和老人。③加入 WTO，我国农业生产和农产品市场竞争从国内竞争转向国内、国际双重竞争，面临着来自国外势力雄厚，具有先进的生产技术和管理模式的生产厂商的强烈冲击。

综上分析，我们可以得出中国良好农业规范的 SWOT 分析模型见表 6-1。

表 6-1　中国良好农业规范 SWOT 分析模型

S:政府支持 后发优势 良好的工作基础 劳动力资源优势	W:小农农业国情 市场需求不足 农业生产环境破坏污染严重 标准体系和认证体系不够完整规范 管理体系不完善
O:巨大的市场潜力 不断完善的制度环境 农业的快速发展 国外发达的农业的先进经验	T:认证产品市场混乱 GAP 自身定位不明确 农村劳动力流失严重 国外发达农业的竞争

ChinaGAP 的成功推行和中国良好农业规范体系的最终建立需要一个时间积累的过程，在 ChinaGAP 发展的不同阶段，最适合推广 ChinaGAP 的组织模式也不同。目前，ChinaGAP 的发展处于初级阶段，认证标准、实际 GAP 认证操作、政府管理、相关法律法规都处于探索改进当中，国内消费者对 GAP 的认知认可水平比较低，政府也没有明确的专门针对 GAP 认证的政策优惠和财政补贴。在这种情况下，“公司 + 农户”模式凭借公司利润最大化的追求、应对国际国内竞争的努力、资本技术方面的优势，是现阶段最适合推行 GAP 认证的组织模式。“公司 + 农户”模式的定位和作用应该是 ChinaGAP 认证的先行者，推动 ChinaGAP 认证制度变迁的“第二行动集团”。

农民专业合作社弥补了“公司 + 农户”模式在农户利益保护和农户带动方面的不足，并且拥有足够的经济实力，能够有效地降低 GAP 认证过程中的交易成本，得到了政府政策和财政的支持，符合我国农业现代化和产业化的发展方向，所以农民专业合作社的定位是 ChinaGAP 推广和发展最主要的、最大规模的实施模式。

7

中国良好农业规范实施的实证分析

7.1 ChinaGAP 的制订与总体现状

由于农药、化肥、兽药、饲料添加剂等不合理的使用，致使我国农产品生产源头的污染非常严重，种植业产地环境污染、污水污染、滥用农药以及使用高毒农药、畜禽饲养滥用食品添加剂，非法使用生长激素及"瘦肉精"，水产养殖中滥用氯霉素等抗生素以及饲料添加剂等导致的农产品质量问题，已严重威胁到人们的身体健康、也关系到我国的农产品的信誉和在国际市场上的竞争力。

为改善中国农产生产状况，提高食品安全水平，保障消费者的健康，打破技术贸易壁垒，促进农产品出口，2003 年 4 月国家认证认可监督管理委员会首次提出了在我国食品链源头建立"良好农业生产规范"体系。2004 年，国家认证认可监督管理委员会组织质检、农业、认证认可行业专家启动了 China-

GAP标准的编写和制定工作。在EurepGAP 2005年2.0版的基础上，遵循FAO确定的基本原则，结合中国的国情，研究并制定了中国良好农业生产规范的合格评价体系，即ChinaGAP。2005年12月31日发布首批良好农业规范GB/T 20014.1—20014.11—2005共11项国家标准。2006年5月1日起正式实施，涵盖大田作物、水果、蔬菜、牛羊、奶牛、猪、家禽等种植业、养殖业的主要产品。

为了加强良好农业生产规范国家标准的贯彻实施，推动良好农业规范认证活动，国家认监委于2006年1月24日发布了《良好农业规范认证实施规则（试行）》（CNCA-N-004；2006），规定了获得和保持良好农业规范认证所应遵循的程序和要求，适用于与标准配套的作物、水果、蔬菜、肉牛、肉羊、奶牛、猪和家禽生产的良好规范认证活动。这标志着良好农业规范国家认证制度正式建立。

根据标准的实施情况，2007年对GB/T 20014.2—20014.10进行了修订，修订后的标准于2008年5月发布，2008年10月1日起正式实施。

2007年7月GloblGAP改版，2007年8月为满足我国和国际互认的需要，同时配合茶叶、水产良好农业规范认证工作的展开，根据GAP试点工作的经验和问题，再次组织一部分专家对《良好农业规范认证实施规则（试行）》（CNCA-N-004；2006）进行修订，发布了《良好农业规范认证实施规则》（CNCA-N-004；2007）。

为进一步完善我国的良好农业生产规范标准体系，受国家标准委委托，在首批标准发布的基础上，国家认监委又组织有关方面专家起草完成了茶叶、水产等13项良好农业生产规范国家标准，第二批标准于2008年2月1日发布，并于2008年4月1日起实施。

到目前为止，经过制定与修订，2008年版GB/T20014系列标准包括24

项 GAP 国家标准。

标准条款的控制点被划分为 1 级、2 级和 3 级。基于危害分析与关键控制点和与食品安全直接相关的动物福利的所有食品安全要求。

ChinaGAP 标准的制订，既考虑了同国际接轨的需要，也考虑了我国的现实状况。将认证分为两个级别：一级认证与 GloblGAP 的要求一致，并通过协议形成互认。二级认证则考虑到我国小农经济的现实基础，比一级认证标准要更容易实施。

从政府层面来看，我国推行 GAP 认证，政府做了大量的工作。首先由政府出面组织制定了 GAP 标准及实施细则，并不断对标准进行修订和完善。其次，加强了同相关国际组织的交流。国家认监委与 EurepGAP 签署了《认监委与 EurepGAP/FoodPLUS 技术合作备忘录》和《ChinaGAP 认证体系与 EurepGAP 认证体系基准性比较问题谅解备忘录》，并且完成了 ChinaGAP 认证体系与 EurepGAP 认证体系基准性比较工作，还完成了 ChinaGAP 与 JGAP 等标准的比较。经过基准性比较，一级认证等同于 GloblGAP 认证，ChinaGAP 认证将得到国际组织和欧洲零售商的承认。通过 ChinaGAP 一级认证的产品（果蔬和茶叶）可以加贴 GloblGAP 标志，出口到欧洲，从而避免了二次认证。国家先后将 GAP 认证列入《国家食品药品安全“十一五”规划》《全国农业和农村“十一五”规划》《农产品出口“十一五”规划》《“十一五”质量监督检验检疫专项规划》《标准化“十一五”发展规划》，并于 2007 年正式写入中央一号文件。其次，政府重视认证培训工作。国家认监委会同标准委组织部分专家编写了《良好农业规范实施指南》等统一的教材，并组织了检查员队伍的培训。政府对认证工作给予财政支持。

中国境内 GlobalGAP 证书数量。根据 GlobalGAP 秘书处提供的数据，截至 2014 年 6 月，中国境内有效的 GlobalGAP 证书数量为 274 张。根据

GlobalGAP 数据库查询的信息，目前中国主要获证农产品为大蒜、生姜、梨、苹果和蜜柚，证书总量为 361 张，其中大蒜 80 张，苹果 98 张，梨 65 张，生姜 55 张，蜜柚 63 张，获证企业主要分布在山东、福建和河北。因 GlobalGAP 网站仅能依据产品信息进行查询，而部分获证组织存在多种农产品同时认证的情况，因此产品证书数量可能会多于获证组织数量。

中国境内开展 GloblaGAP 认证机构信息。根据 GlobalGAP 数据库查询的信息，截止到 2014 年 10 月 24 日，在中国境内经 GlobalGAP 组织许可，可从事 GlobalGAP 认证的认证机构共 9 家。其中，境内机构 1 家(中国质量认证中心)、境外机构中国办事处 8 家，详见表 7-1。

表 7-1　中国境内从事 GlobalGAP 认证机构名录(信息来源于 GlobalGAP 网站)

序号	认证机构名称	认证机构英文名称	机构总部所在地
1.	中国质量认证中心	China Quality Certification Centre	中国
2.	通标标准技术服务澳大利亚有限公司	SGS Australia PTY LTD	澳大利亚
3.	天祥认证有限公司	Intertek Certification GmbH	德国
4.	爱科赛尔有限公司	ECOCERT SA	法国
5.	色瑞斯环境标准认证有限公司	CERES Certification of Environmental Standards GmbH	德国
6.	必维国际检验集团/法立德国际质量认证有限公司	Bureau Veritas Iberia, S. L.	法国
7.	BCS 有机保证有限公司	BCS Öko-Garantie GmbH	德国
8.	LGAI 技术中心	LGAI TECHNOLOGICAL CENTER	西班牙

ChinaGAP 发证数量及地域分布。根据中国食品农产品信息系统查询的数据，截至 2014 年 11 月 27 日，发证数量 2 963 张，有效数量 625 张，到期失效

2 274 张，注销 14 张，撤销 46 张，暂停 5 张。在累计发证数量中，前 6 名且证书数量超过 100 张的省份分别是浙江、江苏、福建、安徽、四川和山东，发证数量 1 014 张，约占全国数量的 58.5%。详见表 7-2（以有效证书数量递减排序）。

表 7-2 ChinaGAP 发证及有效证书地域分布统计表

地域	颁发证书总数	有效证书数量
浙江	460	89
江苏	225	82
福建	322	72
安徽	165	56
江西	136	32
山东	244	28
四川	199	25
内蒙古	56	21
上海	81	19
新疆	75	19
黑龙江	114	18
北京	80	17
河北	103	16
陕西	77	14
广东	112	14
湖北	51	13
广西	29	12
贵州	27	12
山西	51	10
河南	62	9
云南	39	8
海南	54	7
辽宁	81	6

续表 7-2

地域	颁发证书总数	有效证书数量
重庆	24	6
甘肃	14	6
天津	13	4
湖南	33	3
吉林	25	3
宁夏	6	3
青海	1	1
西藏	4	0
台湾	0	0
香港	0	0
澳门	0	0
合计	2 963	625

ChinaGAP 认证机构及发证数量信息。根据中国食品农产品信息系统查询的数据，截至 2014 年 11 月 27 日，共有 15 家认证机构具备 ChinaGAP 认证资质。其中发证总数和有效证书数量排前三位的分别是：中国质量认证中心、杭州万泰认证有限公司和北京华思联认证中心。详见表 7-3（以有效证书数量递减排序）。

表 7-3 ChinaGAP 认证机构及发证数量统计表

批准号	认证机构	发证总数	有效证书数量
CNCA-R-2002-001	中国质量认证中心	1 151	191
CNCA-R-2002-015	杭州万泰认证有限公司	425	113
CNCA-R-2003-116	北京华思联认证中心	227	69
CNCA-R-2002-084	中食恒信（北京）质量认证中心有限公司	112	49
CNCA-R-2004-134	南京国环有机产品认证中心	103	36
CNCA-R-2006-147	农业部优质农产品开发服务中心	137	33

续表 7-3

批准号	认证机构	发证总数	有效证书数量
CNCA-R-2002-083	福建东南标准认证中心	83	33
CNCA-R-2002-089	黑龙江省农产品质量认证中心	77	33
CNCA-R-2002-002	方圆标志认证集团有限公司	147	26
CNCA-R-2002-007	广东中鉴认证有限责任公司	151	9
CNCA-R-2007-151	北京中合金诺认证中心有限公司	53	8
CNCA-RF-2002-01	通标标准技术服务有限公司	88	7
CNCA-R-2003-096	杭州中农质量认证中心	15	7
CNCA-R-2002-013	浙江公信认证有限公司	33	6
CNCA-R-2007-150	北京中瑞雅德士技术服务有限公司	70	5
	合计	2 872	625

一评双标认证机构及发证数量信息。根据 GlobalGAP 网站查询的信息，目前具备 ChinaGAP-GlobalGAP 一评双标认证资质的认证机构共 5 家，但该网站及数据库并不提供一评双标获证企业信息检索，而中国食品农产品信息系统未对一评双标获证企业的信息给出单独的筛选选项，所以无法完成对相关认证机构发证数量的在线统计。目前仅能获得中国质量认证中心所提供的数据。详见表 7-4。

表 7-4 一评双标认证机构数量及发展信息统计表

批准号	认证机构	发证总数	有效证书数量
CNCA-R-2002-001	中国质量认证中心	136	0
CNCA-R-2002-015	杭州万泰认证有限公司		0
CNCA-R-2002-002	方圆标志认证集团有限公司		0
CNCA-R-2007-151	北京中合金诺认证中心有限公司		0
CNCA-RF-2002-01	通标标准技术服务有限公司		0

7.2 企业认证现状:基于对参与认证企业问卷调查的分析

课题组针对截止到2010年3月31日处于良好农业规范认证有效期的GAP认证企业以及认证机构的认证情况进行了调查。截止到2010年11月1日,我国现有具有良好农业规范认证资格的认证机构14家,持有良好农业规范认证证书的企业437家。此次针对GAP实施现状的调查,是通过认证机构向认证企业发放调查问卷的方式进行的。通过14家认证机构返回的企业调查问卷共计153份,根据返回的153份调查问卷,课题组对实施GAP认证企业的认证情况进行了描述性统计分析。如图7-1所示。

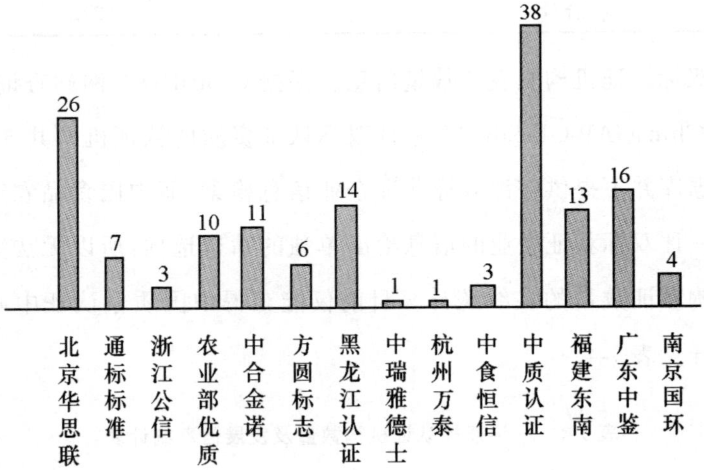

图7-1 返回企业调查问卷所属认证机构分布示意图

7.2.1 认证企业的基本情况

认证企业的基本情况主要包括企业经营土地面积、企业所有权性质、企业最高管理者文化水平、企业管理层中大多数人的文化水平、企业管理层中大多数人具有的文化水平、企业是否为农业产业化重点龙头企业、企业生产的产品、企业所需原材料的采购情况、企业所生产的产品或生产基地获得的认证种类9个方面。

就企业所有权的性质而言,问卷调查结果表明:首先,认证企业中有限责任公司占比最多,达到65家,占调查企业总数的43%。其次为民营独资(27家)、国有独资企业(20家)、股份制企业(18家)、集体企业(16家)合伙制企业最少,仅有2家(图7-2)。由此也可以看出,没有单个农户(包括农业大户)在目前进行GAP认证。

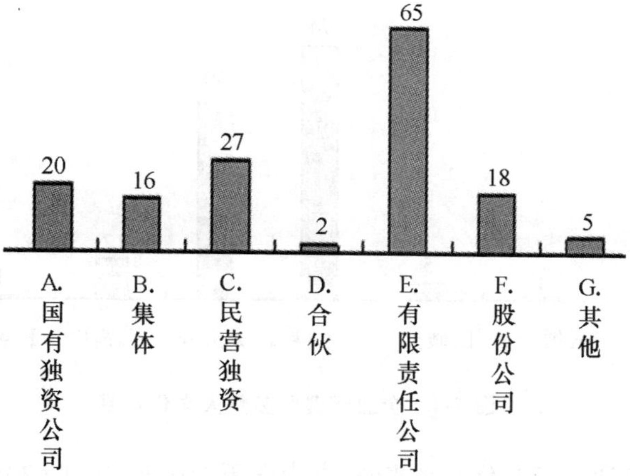

图7-2 持有GAP认证证书的企业性质示意图

从认证企业员工的文化水平来看,在企业最高管理者中,本科学历者占比最高,再其次是硕士和专科,绝大多数具有高等学历,高中文化程度的仅有6家,应该说最高管理者总体文化。水平较高。(其分布见图7-3,仅有152家企业对此项进行了回答)

就企业整个管理层来看,文化水平中本科和大专居多,分别是74家,59家。尽管比最高管理层整体学历水平略低,但也完全可以胜任GAP认证的需要与要求(其分布见图7-4,仅有152家企业对此项进行了回答)。

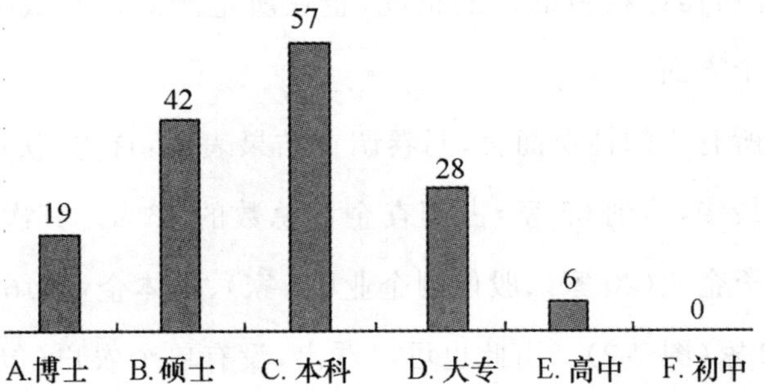

图 7-3　企业最高管理者文化水平

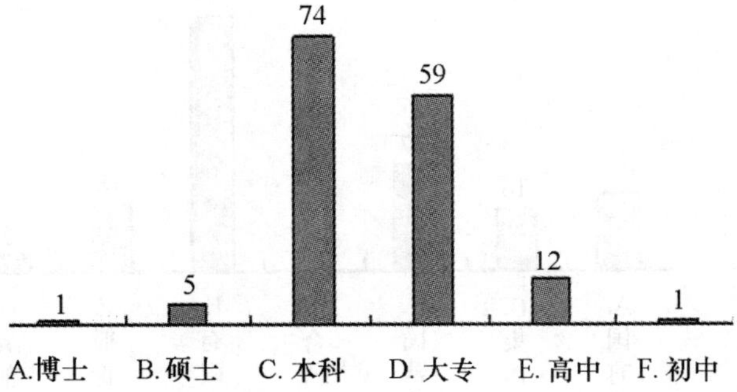

图 7-4　企业管理层多数人文化水平

从企业普通员工文化水平来看,高中学历者居多,达到 62 家,其次为大专和初中,分别达到 49 家和 38 家。这样的学历水平应该能够理解 GAP 认证的要求,并能够按照要求进行操作。(其分布见图 7-5,仅有 151 家企业对此项进行了回答)

从认证企业类型来看,持有 GAP 认证证书的企业多数为农业部产业化重点龙头企业,在回答此项的 150 家企业中,有 117 家属于农业产业化龙头企业。可见,较早进行 GAP 认证的企业主要限于龙头企业。相对而言,龙头企业的基础设施条件较好,管理经验更为丰富,更适合于进行 GAP 认证。(其分布见图 7-6,仅有 150 家企业对此项进行了回答)

就认证企业有无认证经历来看,持有 GAP 认证证书的企业中(149 份问

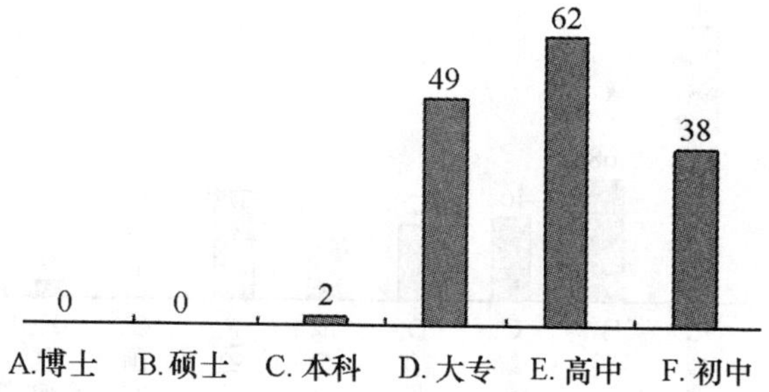

图 7-5 持有 GAP 认证证书的企业普通员工文化水平

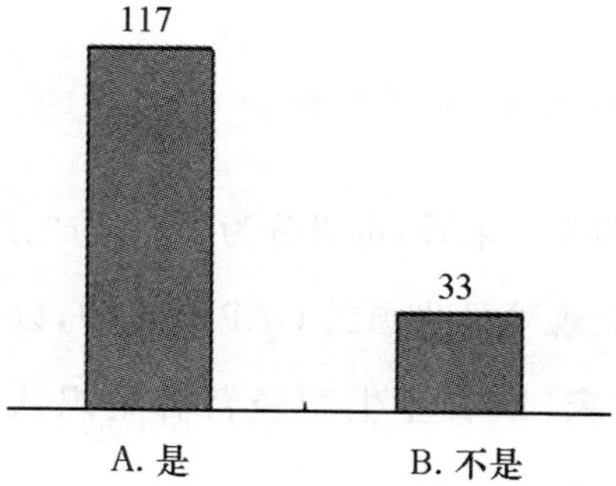

图 7-6 持有 GAP 认证证书的企业是否为农业部产业化重点龙头企业

卷就此项作出了回答)，有 149 家企业有认证经历，在收回的 153 份问卷中，有 4 家没有对此作出回答，估计是在 GAP 认证前没有其他认证经历。在 GAP 认证企业中，持有无公害产品和 ISO 9000 系列认证的企业居多数，分别达到 68 家和 60 家，其余依次为绿色食品认证 46 家、有机食品认证 42 家、QS 认证 34 家，其他认证 9 家(图 7-7)。

由此可以推断，如果企业有其他认证的经验和基础，开展 GAP 认证相对更为容易，管理成本或许变得更低，因此认证的积极性将更高，GAP 认证的推行应首先选择有其他认证经验的企业，这或许更容易打开局面。

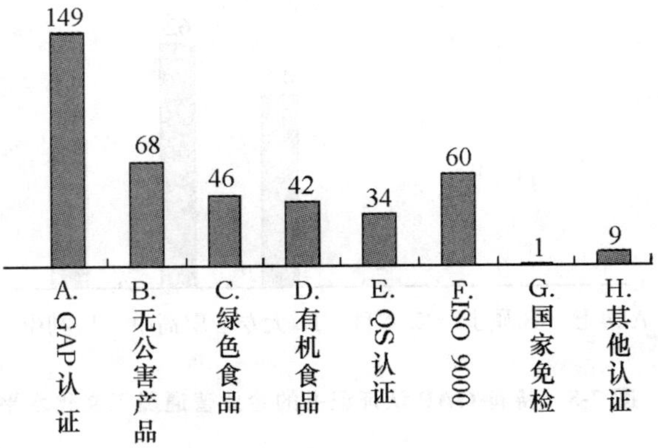

图 7-7 持有 GAP 认证证书的企业主要获得的认证种类

7.2.2 企业申请认证 GAP 类别分析

就 GAP 认证申请人的类型来看，可以分为农业生产经营者和农业生产经营者组织。问卷结果表明：现阶段我国的 GAP 认证中，以农场生产经营者认证的企业比较多，有 103 家，以农业生产经营者组织认证的企业有 46 家（图 7-8）。

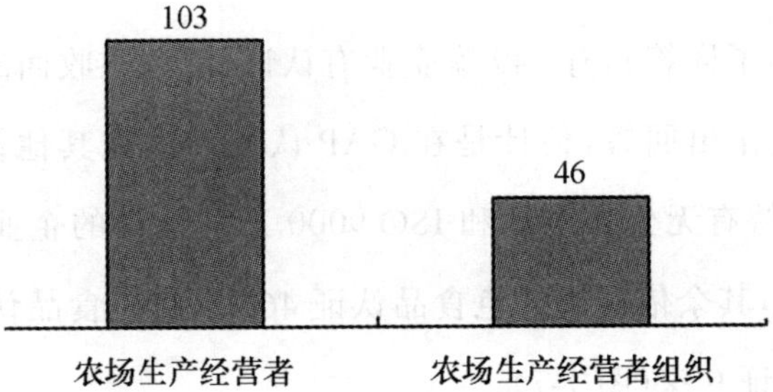

图 7-8 持有 GAP 认证证书的企业类别

农业生产经营者组织较之农业生产经营者具有更为复杂的组织结构，更为严格的内部控制程序，而且农业生产者经营组织必须和每个农业生产经营者签署协议，并承担最终责任，因此，农业生产经营者组织要比农业生产经营者有更高的管理水平和组织能力，管理成本相对较高，因此数量相对较少。

7.2.3 企业申请认证 GAP 的原因分析

从认证企业认证目的来看(可多选)，选择确保农产品安全和树立企业良好形象的最多，达到 147 家，其次是选择 GAP 认证是大趋势，占到 98 家，第三位的原因是打开国际市场，占到 84 家，有 43 家选择了响应政府号召，19 家选择了害怕失去竞争市场(图 7-9)。

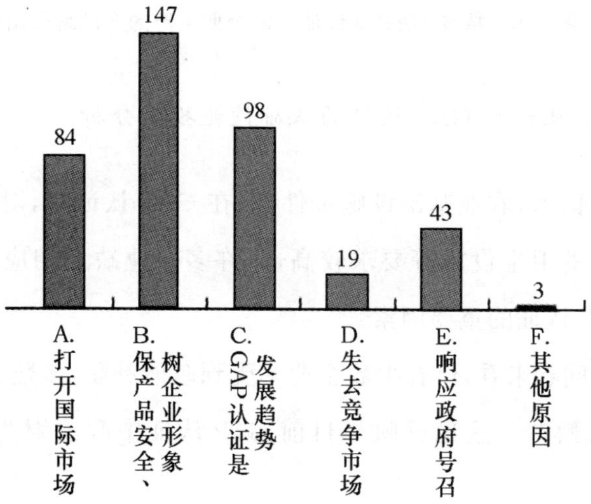

图 7-9 持有 GAP 认证证书的企业申请 GAP 认证的原因

目前，企业越来越重视自身的形象，把提高自身形象视为 GAP 认证的首选，这在未来的 GAP 认证推行中，可以作为动员企业的重要因素。认为 GAP 认证是发展趋势，则表明认证企业对未来发展的认同。打开国际市场和失去竞争市场，则表明企业将认证作为扩大出口和销售的重要手段，响应政府号召则说明政府在推动 GAP 认证方面可以发挥重要的作用。

图 7-10 表明在返回的 153 家企业问卷中，有 98 家属于产品出口企业，有 55 家企业产品不出口。可见，目前进行 GAP 认证企业中，出口企业是主体，占领国际市场、促进产品出口仍然是很多企业进行认证的主要目的。

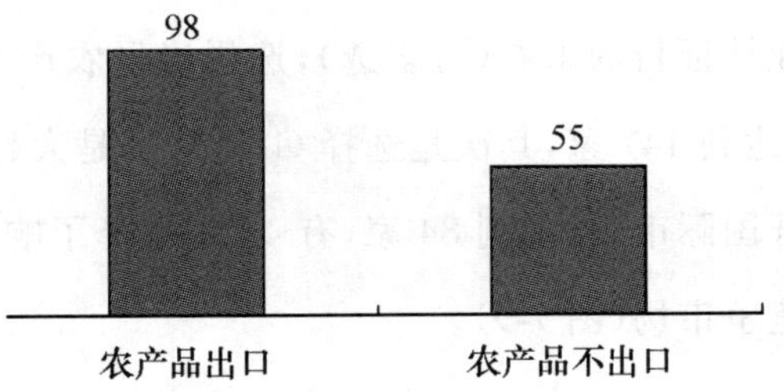

图7-10　持有 GAP 认证证书的企业生产的产品是否出口

7.2.4　企业进行 GAP 认证的基础设施投资分析

在发展中国家，农业基础设施条件差，在 GAP 认证中，对田间道路、水利设施以及相应的卫生设施等要求较高，而许多企业缺乏相应资金投入，这已成为制约 GAP 认证的重要因素。

从回收的问卷来看，仅有少数企业享受到政府补贴，多数企业的基础设施投资要靠自己解决。这也反映了目前 GAP 认证中政府财力支持的有限性(图 7-11)。

在 GAP 认证过程中，土壤、水质和产品的检测费用一般要明显高于非认证产品，增加了企业进行认证的成本。调查结果表明：产品检测费用主要由企业自己负担，只有极少数企业能够享受政府给予的补贴(图 7-12)。

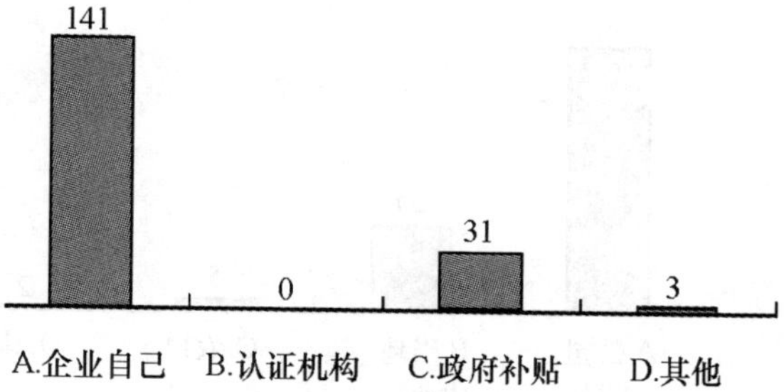

图 7-11 企业实施 GAP 认证中基础设施投资来源

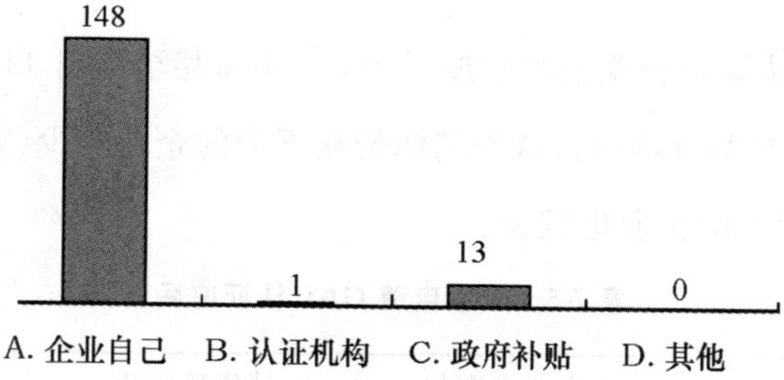

图 7-12 企业实施 GAP 认证中各种检测费来源

7.2.5 企业检查员的来源分析

多数企业内部检查员主要由内部管理人员担任，或许因企业管理人员不足，或为节约人力成本，一些企业也聘用当地农业技术人员兼任，只有极少数企业让农户担任(图 7-13)。

7.2.6 企业参与 GAP 认证前后成本利润分析

在生产成本、销售额、利润方面变化如表 7-5 所示，其中多数企业认为参与 GAP 认证后，企业生产成本和销售额变化不大(64 家，74 家)，多数企业认

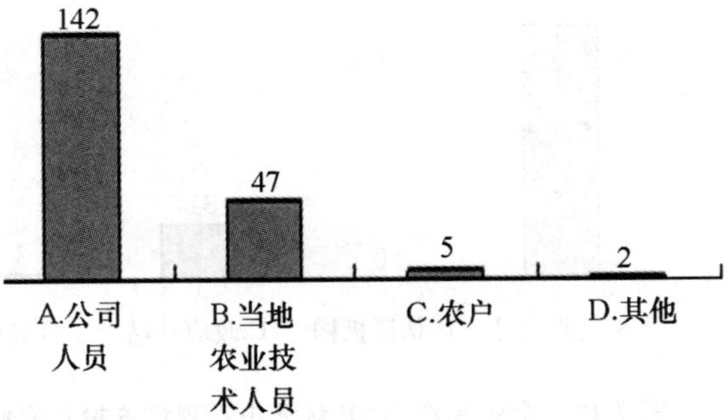

图 7-13　企业实施 GAP 认证中内部检查员来源

为参与 GAP 认证后企业利润增加了 5%～10%甚至高出 11%～20%(72 家，45 家)。参与 GAP 认证后，认为利润变化不大的企业较少(9 家)，生产成本及销售额变化较大的企业也较少。

表 7-5　企业申请 GAP 认证前后变化

变化情况	生产成本变化	销售额变化	利润变化
差不多	64	74	9
高出 5%～10%	46	51	72
高出 11%～20%	25	11	45
高出 21%～50%	7	6	23
高出 50%以上	2	2	0

7.2.7　企业参与 GAP 认证后管理制度变化分析

在企业管理制度方面有所改变，其中，稍有改变(72 家)最多，变化很大(45 家)其次，认为完全改变以及变化不大的分别有 23 家和 9 家(图 7-14)。但是，企业生产规模和组织成员变化方面变化不大，仅有 29 家企业参与 GAP 认证后在这方面发生了变化(图 7-15)。

企业管理制度稍有改变的企业，可能具有良好的认证基础或具有良好的

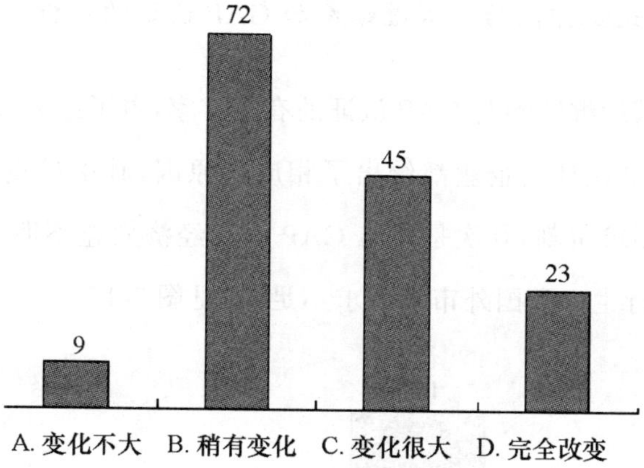

图 7-14　企业申请 GAP 认证后管理制度体系变化

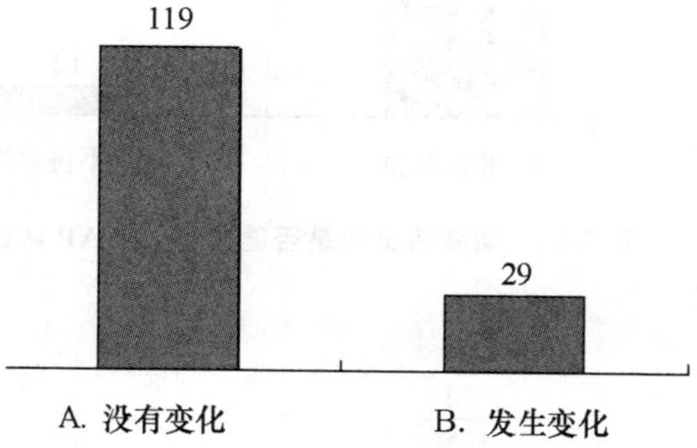

图 7-15　企业申请 GAP 认证后农场生产面积、组织成员方面改变

认证经验，因而 GAP 认证给企业管理制度带来的挑战容易应对。变化很大的企业可能之前缺乏相关的认证条件，因而面对 GAP 认证要做出很大乃至完全的管理制度调整。

企业在认证前后的规模和组织成员数量变化方面，有 119 家企业选择了没有变化，只有 29 家企业选择发生变化。这反映了多数企业对认证规模扩张持有谨慎的态度。

7.2.8 认证期满后是否继续参加GAP认证的分析

选择期满后继续参与GAP认证的有141家，占了绝大多数见图7-16。不继续参与GAP认证的企业都给出了相应的原因，其中最重要的原因是GAP认证控制点要求苛刻，其次是参与GAP认证经济效益不明显、农户难以按照GAP标准进行生产和国外市场需求不足，详见图7-17。

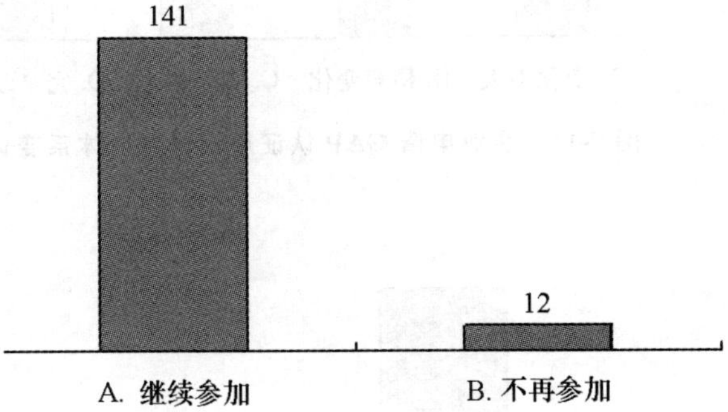

图7-16 期满后企业是否继续参加GAP认证

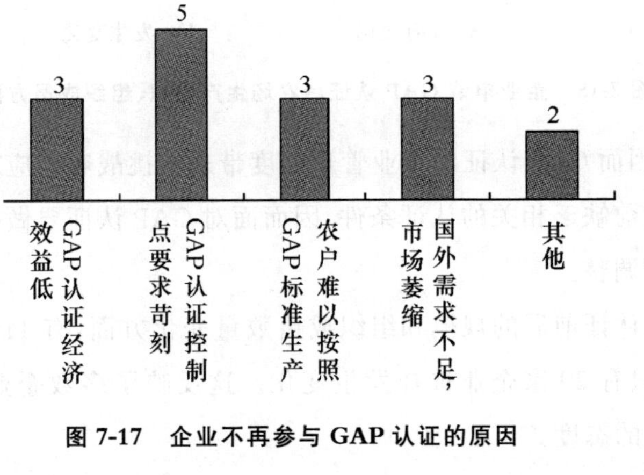

图7-17 企业不再参与GAP认证的原因

尽管从调查数据来看，目前企业退出的比例不算高，但GAP认证管理的难度和成本的确很高，尤其是对小农户的管理更为复杂，因此随着时间的推移，估计退出率还会上升。

7.2.9 认证企业对GAP标准的认同分析

从图7-18可知，参与GAP认证的企业，多数未针对GAP标准提出过修改意见，仅有17家对GAP标准提出过修改建议。从返回的调查问卷可知，企业未提出过修改建议最主要的原因是不知道可以提出修改意见（图7-19）。尽管如此，企业对认证机构的认证服务都还是比较满意的，其中十分满意的为133家，占了绝大多数，不存在对认证机构服务不满意的企业（图7-20）。

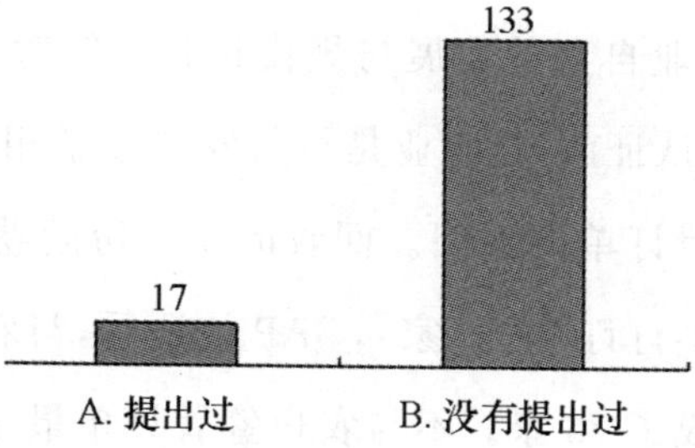

图7-18 参与GAP认证的过程中企业是否对GAP标准提出过修改意见

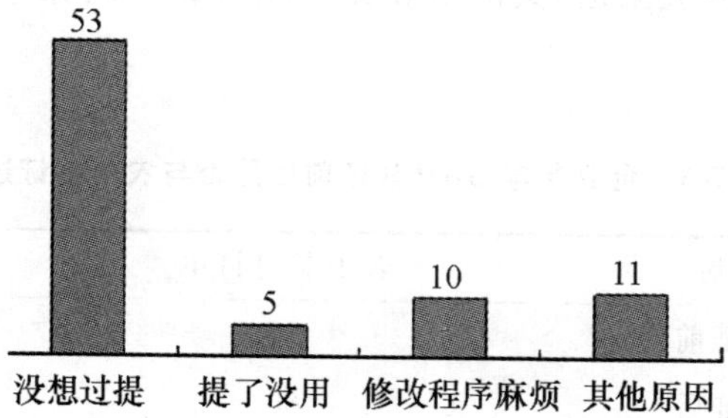

图7-19 企业未对GAP标准提出修改意见的原因

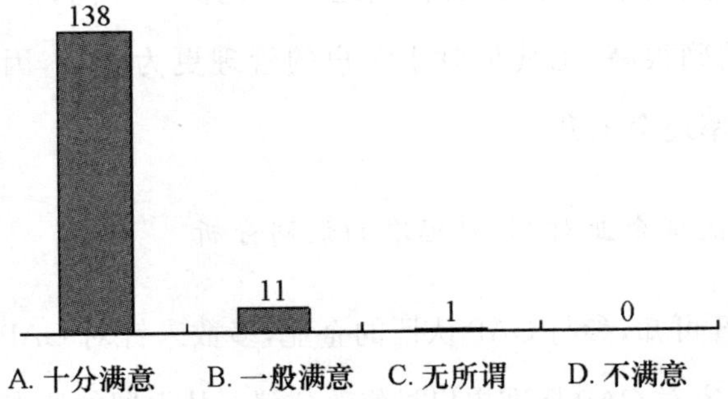

图 7-20 企业对认证机构认证服务情况的满意程度

7.2.10 GAP 认证中企业与农户的关系分析

认证企业和农户的关系是否稳定与协调，关系到 GAP 认证对农户的带动作用，也涉及认证企业自身的发展与规模扩张。针对企业和农户的调查，主要集中于参与 GAP 认证前后，企业是否与农户签了相关订单，签署订单的原因以及不与农户签署订单的原因。回收的 153 份问卷表明，GAP 认证前，企业更倾向于跟农户签订订单(89 家)，GAP 认证后，与农户签订订单的企业减少了，由 89 家减少成了 76 家。不与农户签署订单最主要的原因是企业有自己的农场，其次是担心产品质量没有保障；选择与农户签署订单最主要的原因是确保原材料供应渠道，其次是确保产品质量和确保产品价格稳定。详见表7-6至表 7-8。

表 7-6 企业参与 GAP 认证前后是否与农户签订过订单

认证前后	没有签订订单	签订订单
GAP 认证前	58	89
GAP 认证后	66	76

表 7-7 企业参与 GAP 认证前后不与农户签订订单的原因

不签单的原因	GAP 认证前	GAP 认证后
有自己的农场	47	49
担心产品质量没有保证	27	26
手续太复杂	4	4
好处不明显	6	6
怕对方不可靠	9	9
没必要签单	11	10
其他	2	7

表 7-8 企业参与 GAP 认证前后与农户签订订单的原因

签单原因	GAP 认证前	GAP 认证后
确保原材料供应渠道	70	49
确保产品质量	60	49
确保稳定的产品价格	33	32
通过向农户提供附加服务获取收入	7	9
其他	0	0

由此可见，GAP 认证企业对小农户的带动作用不大，主要原因还是对小农户的管理成本较高，担心因对小农户管理跟不上会导致产品质量没有保证，从而会影响认证工作，这也可以看出 GAP 认证中公司与小农户结合的局限性。

7.2.11 政府对实施 GAP 认证企业的扶持措施

对于实施 GAP 认证的部分企业，政府从多种方式上给予了支持。在政府对企业的扶持方面，大多数企业未享有政府的财政贴息、税费优惠、信用担保、直接投资、帮助获取土地、获取原料、拓宽销售市场等，具体数据如图 25 所示。相比较而言，政府在销售市场拓展和土地获取方面给予 GAP 认证企业相对较多的支持(36 家，29 家)(表 7-9)。

表 7-9 政府针对实施 GAP 认证企业的扶持措施

扶持措施	政府扶持	政府未扶持
财政贴息	26	120
税费优惠	27	117
信用担保	9	135
直接投资	19	125
土地获取	29	119
原材料获取	14	129
市场拓宽	36	109

现持有 GAP 认证证书的企业认为，最有效的政府扶持方式为财政贴息和税费优惠（102 家、90 家），详见图 7-21。由此可见，认证企业的要求和政府的扶持方式和力度方面还有一定的差距，财政贴息的方式居于首位，或许反映了认证企业债务负担较重，利息支出较多。

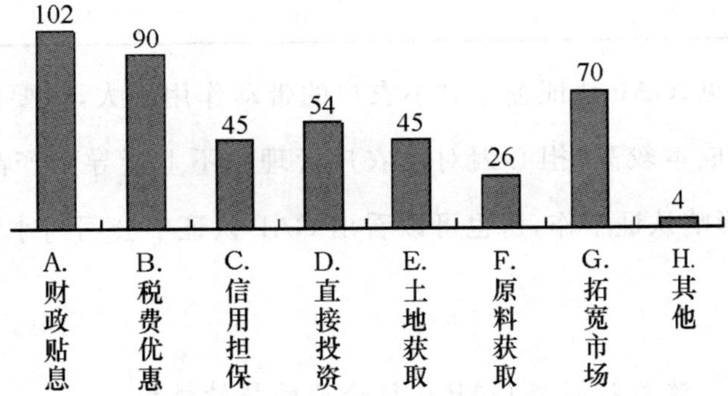

图 7-21 最有效的政府扶持方式

7.3 对认证机构的调查与分析

国家认证认可监督管理委员会针对截止到 2010 年 3 月 31 日处于良好农业规范（Good Agricultural Practices，简称 GAP）认证有效期 GAP 认证企业以及认证机构的认证情况进行了调查。我国现有具有良好农业规范(GAP)认证资格的认证机构14家,成功收回问卷的认证机构有12家。这里将调查问卷依次编号为1～12,分别为通标标准技术服务有限公司(通标标准)、浙江公信认证有限公司(浙江公信)、农业部优质农产品开发服务中心(农业部优质)、北京中合金诺认证中心(中合金诺)、方圆标志认证集团有限公司(方圆标志)、黑龙江省农产品质量认证中心(黑龙江认证)、北京中瑞雅德士服务有限公司(中瑞雅德士)、杭州万泰认证有限公司(杭州万泰)、中食恒信(北京)质量认证中心有限公司(中食恒信)、中国质量认证中心(中质认证)、福建东南标准认证中心(福建东南)、广东中鉴认证有限责任公司(广东中鉴)。

7.3.1 认证证书的状况与分布

12家认证机构截止到问卷回收期,累计发放GAP认证证书数量,有效GAP认证证书数量和失效GAR认证证书数量见表7-10。

表7-10 来自认证机构GAP认证证书的状况

认证机构名称	累计发放GAP认证证书数量	目前有效证书数量	目前失效证书数量
通标标准	25	6	19
浙江公信	8	4	4
农业部优质	32	23	9
中合金诺	15	10	5
方圆标志	66	27	34
黑龙江认证	24	11	13
中瑞雅德士	22	21	2
杭州万泰	141	118	23
中食恒信	16	4	12
中质认证	364	161	0
福建东南	20	11	9
广东中鉴	38	19	19

此外，所有GAP认证失效证书中，除广东中鉴认证的一家企业是因为获证企业提交的与认证有关的文件和记录不可靠，有虚假内容，被撤销证书外，其余失效证书均由于企业自动退出GAP认证导致。企业自动退出，原因主要有7个，其中，居于前列的有：认证中政府不提供资金支持或支持太少(26%)、社会对GAP认证的认知水平较低并进而影响企业的获利水平等其他原因(23%)、符合性规范要求太繁琐(19%)、认证费用太高(12%)。对于选项2而言，较高的组织成本也是认证企业退出的一个重要原因。具体比例见图7-22。

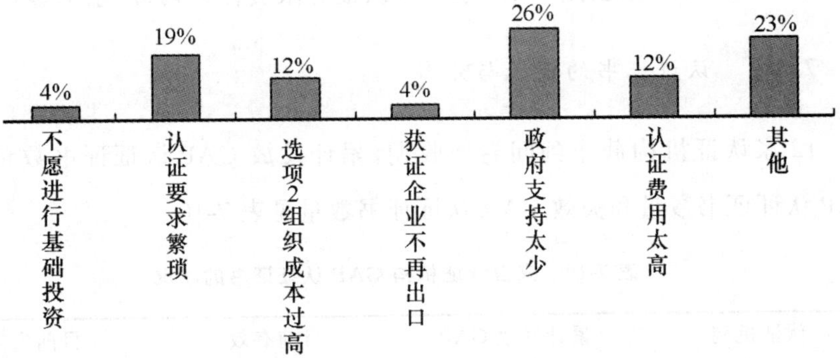

图7-22　企业退出GAP认证的原因

7.3.2　不符合规范的关键点分析

在认证机构对企业参与GAP认证的过程中，最容易出现不符合GAP规范的关键点的调查统计情况见图7-23和图7-24。在种植业中，最容易出现的不符合规范控制点主要是可追溯性、记录保存和内部审查、垃圾等管理和再利用，以及环境保护，植物保护、收获物的处理以及肥料使用也是不可忽视的原因。

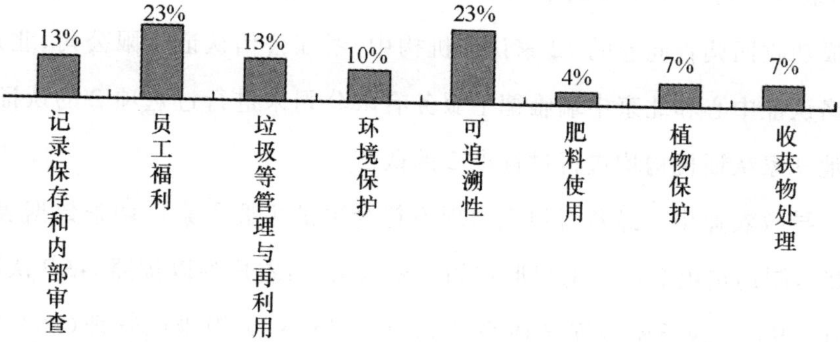

图 7-23　种植业生产认证中容易出现不符合项的控制点

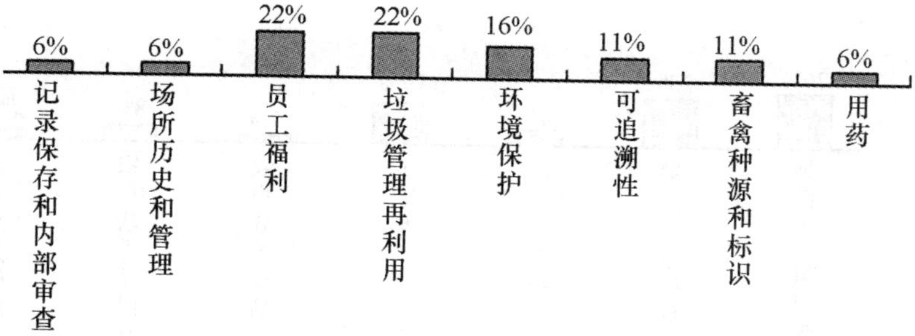

图 7-24　畜禽生产认证中容易出现不符合项的控制点

在畜禽生产认证中，居于前列的不符合项主要是员工福利(22%)、垃圾管理再利用(22%)、环境保护(16%)、可追溯性(11%)、畜禽种源和标识(11%)，记录保存和内部检查(6%)、用药(6%)、场所历史和管理(6%)也是不可忽视的重要因素。

7.3.3　选项 2 下 GAP 认证的分析

选项 2 较之于选项 1 条件更为复杂，管理成本相对更高，从前面的统计结果看，选择选项 2 进行认证的企业数量明显要低于选项 1。但一般来说，选项

2 对农户的带动作用要高于选项 1。那么制约选项 2 的主要因素到底是什么？在成功收回调查问卷的 12 家认证机构中，浙江公信认证有限公司，北京中合金诺认证中心和北京中瑞雅德士服务有限公司未进行过选项 2 的认证业务，其他 9 家认证机构均进行过选项 2 的认证。

导致农业生产经营者组织出现不符合项的主要因素。调查数据表明（图 7-25），制约选项 2 这一组织形式的主要因素有：农户难以按照 GAP 认证要求操作（19%）、缺乏质量安全体系（23%）、规模小、组织难以管理（26%）、农户缺乏健康意识（12%），内部缺乏合格的审查人员（8%）农户缺乏环保意识（8%）和食品安全意识（4%）也是不可忽视的重要因素。

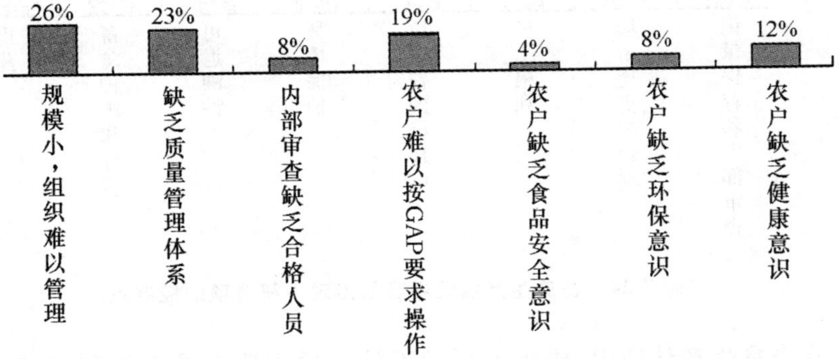

图 7-25　农业生产经营者组织出现不符合项的主要原因

选项 2 下认证质量保证的组织形式的有效性问题分析。

在农业生产和经营过程中，存在着多种组织形式，哪种组织形式对 GAP 认证更为有效，也是一个非常重要的问题（图 7-26）。在针对认证机构的调查问卷中，设计了“根据您的经验，请认为对选项 2 的认证，存在的主要问题是什么”的问题。在收回的 12 家认证企业的数据中，有 9 家进行过选项 2 的认证，存在的主要问题为：

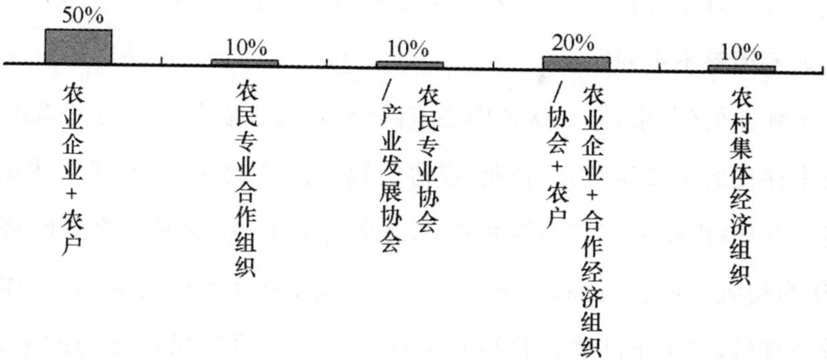

图 7-26　选项 2 认证下组织形式的有效性

通标标准技术服务有限公司：认证企业拥有的大多都是合同基地，虽然有企业委派的基地管理人员和技术人员进行指导和监督，但日常的农事操作都是由农户自己来承担的，时间通常也不固定，加之大多数农户的文化水平不高，对一些新事物不易接受和理解，造成企业的一些要求不能很好地落实到位。

农业部优质农产品开发服务中心：①缺少相应的质量管理人才，建立和实施质量管理体系难度大；②认证企业规模小、分散的小农户参与的农业生产经营者组织，结构较疏松，难以管理；③农民文化素质不高，难以全面实施 GAP 记录。

方圆标志认证集团有限公司：农户对质量管理不甚理解，不习惯进行记录，作为农业生产经营者组织管理的难度大。内审不太明白如何去做，记录流于形式。

黑龙江省农产品质量认证中心：结构较松散，对农户的管理不到位，且难以做到有效的约束，农户对认证的积极性不够。

杭州万泰认证有限公司：①选项 2 认证主体对成员的约束力；②日常对

于成员的监督较难；③成员利益与主体利益不一致；④培训工作不彻底，农户对培训不理解不重视。

中食恒信（北京）质量认证中心有限公司：对于农业生产经营者组织GAP认证中存在的主要问题有：企业（或协会）对农户缺乏GAP标准要求的灌输和相应的管理；组织关注点主要集中在提高出生率、减少死亡率等经济指标方面，作为初级生产者，食品安全的意识比较低；记录保存要求两年，作为农户记录的材料，难免不准确、简单，且初次认证时很难提供两年前的记录；内部检查/审核流于形式。

中国质量认证中心：①组织内部质量控制措施；②投入品控制措施；③追溯体系的建立和实施；④员工健康、安全和福利。

福建东南标准认证中心：组织结构疏松，很难做到统一协调管理。名义上的总部对各成员的管控实际不多，只是简单的签署合同。

广东中鉴认证有限责任公司：①组织的管理体系运行有效性低，对成员的监管不到位；包括与成员签订的合同，对农资的统一管理、产品销售的控制，对成员的罚则等；尤其是规模小、分散的小农户参与的农业生产经营者组织，更加难以管理；②成员是农户，文化程度较低，对良好农业规范标准的知识了解薄弱，难以准确理解质量手册、GAP技术规范并按其要求进行操作，需加强培训；③缺乏合格的人员，开展内部检查；④成员在使用良好农业规范认证标志和认证证书方面还不是完全明确；⑤农民的记录意识较差，生产管理记录还需完善。

总结起来主要有以下几点：

第一，农业生产经营者组织内部质量管理体系方面。由小农户参与的选项2认证的农业生产经营者组织建立和实施内部质量管理体系的难度大，而且难以做到对投入品的控制；很多选项2认证的企业规模较小，结构较松散，难以管理;组织对成员难以做到有效的约束(组织名义上对成员进行管控,但实际上只是简单的签署合同)。

第二,农户文化水平方面。参与选项 2 认证的企业大多数是合同基地,虽然企业委派基地管理人员和技术人员进行指导和监督(难以做到日常监督),但日常的农事操作都是由农户自己来承担。由于大多数农户的文化水平不高,对一些新事物不易接受和理解(企业培训工作也不彻底,农户对培训不理解也不够重视,对 GAP 认证的积极性也不够),造成 GAP 要求不能很好地落实到位。

第三,追溯体系的建设和实施方面。记录方面,农户不习惯进行记录,内审不明白如何去做,内部检查/审核流于形式;此外,记录保存要求两年,作为农户记录的材料,难免不准确、简单,且初次认证时很难提供两年前的记录。

第四,认证主体和农户直接的关系方面。认证主体对农户的约束力有限。农户利益和组织利益的不一致,组织关注点主要集中在提高出生率、减少死亡率等经济指标方面;而作为初级生产者的农户,食品安全的意识比较低,也没有注意到员工健康、安全和福利方面的问题。

8

结论与政策建议

良好农业规范是欧洲零售商协会为应对“石油农业”的弊端和日益严重的食品安全问题而发起的一系列有关农产品生产、加工、运输等各个环节，覆盖从田间到餐桌整个食品链条的操作规范，它的核心制度包括第三方认证制度和可追溯制度。良好农业规范致力于实现食品安全、环境保护、员工健康、动物福利和农业的可持续发展，在世界范围内得到了广泛的认可，并被大多数国家采用和推广。中国目前正面临着农业发展转型和严重的食品安全问题，为此由国家认监委牵头开始引进并推广发展中国良好农业规范。中国良好农业规范的实施，是从源头上控制农产品质量安全的重要措施，能够帮助农业生产者建立起基本的质量控制体系，能够促进我国农业生产组织化程度的提高和农业的可持续发展，能够有效地改善农业环境并提高农业生产者福利，同时有助于提高我国农产品的国际竞争力。

中国良好农业规范的推广和发展，关键在于依据中国农业的基本国情，选择恰当的组织模式。散户、“公司+农户”和农民专业合作社是我国现阶段最主要的三种农业生产组织模式。散户受制于自身规模、经济实力和技术能力，没有参与GAP认证的动力，依靠外部力量进行GAP认证由于其参与市场活动交易成本过高而没有效率，且需要大量的政府财政投入，所以散户模式不适合推广GAP认证。GlobalGAP的制度设计，有利于资本雄厚、有技术实力、管理先进的大规模生产者，所以在ChinaGAP发展的初期，我们要以“公司+农户”模式为主，利用公司或龙头企业的资本、技术、管理和效率优势，建立GAP认证试点，摸索经验，开拓市场。“公司+农户”模式无法解决公司和农户间利益分配和风险分担问题，所以该模式的作用在于带头和示范。农民专业合作社很好地弥补了“公司+农户”的不足，所以ChinaGAP更近一步的推广和发展应该以农民专业合作社模式为主，让越来越多的农户通过农民专业合作社参与到GAP认证中来，形成比较完善的ChinaGAP体系。

ChinaGAP的推广和发展，政府的作用至关重要。第一，制定更加适宜中国小农经济主体的GAP认证体系。第二，加强政府对GAP认证产品生产和经营的财政支持。第三，培养新型农民，提高农产品加工人员素质。第四，加快改进本国农业生产技术，提高科技投入，为GAP认证提供技术服务支持。第五，注重国际合作与交流。第六，重点选择GAP认证推广领域，做好示范工作，发展地方优势。最后，要建立相关法规条例及宏观管理体系。建议成立以国家质检总局牵头、以认监委为主要执行机构的GAP领导协调小组，使农业部、财政部、商务部、国家税务总局、国家环保总局和国家工商局共同在自己的业务范围内，制定统一的、切实可行的GAP支持政策体系和宏观管理体系，为GAP认证的推行大开绿灯。

参考文献

[1] Kai Mauscha, Dagmar Mithöferb, Asfawa Solomon and Hermann Waibela. Impact of EurepGAP Standard in Kenya: Comparing Smallholders to Large-scale Vegetable Producers;[R]. Paper presented at the conference on international agricultural research for development, University of Bonn,2006

[2] Asfaw Solomon,Dagmar Mithöfer, Waibel Hermann. What Impact Are EU Supermarket Standards Having on Developing Countries' Export of High-Value Horticultural Products? Evidence From Kenya [J]. Journal of international food and agribusiness marketing, 2010,22(3-4):252-176

[3] Yuichiro Amekawa. Reflections on the Growing Influence of Good Agricultural Practices in the Global South [J]. Journal of Agricultural and Environmental Ethics, 2012,22(6)

[4] Yuichiro Amekawa. Rethinking Sustainable Agriculture in Thailand: A Governance Perspective [J]. Journal of sustainable agriculture,2010,34(4)

[5] Surmsuk Salakpetch. Quality management system: Good Agriculture Practic(GAP) for on-farm production in Thailand [R]. Chanthaburi Horticultural Research Center, 2007-5-16

[6] Tomoyoshi Matsuda. Gap As a Baseline, Traceability As a Pipeline to

Build Consumer Confidence [DB/OL]. http://www.agnet.org/library.php? func=view&id=20110721113951&type_id=2, 2007-5-15

[7] Maki Hatanaka, Carmen Bain, Lawrence Busch. Third-party certification in the global agrifood system [J]. Food Policy, 2005, 354-369

[8] Olga van der Valk. National benchmarking against GlobalGAP: case studies of Good Agricultural Practices in Kenya, Malaysia, Mexico and Chile [R]. Rapport - Landbouw-Economisch Instituut (April), 2009

[9] Yasuhiro Nakashima. Functions of GAP and its International Standards [J]. Journal of Food System Research, 2010, 17(2)

[10] Ryuichi Tagami. Propagation of Eurepgap in Japan and the Development of Japan Good Agricultural Practice (Jgap) [DB/OL]. http://www.agnet.org/library.php? func=view&id=20110721143830&type_id=2, 2007-05-16

[11] Cheol-Hi Lee. Introduction of Good Agricultural Practice(GAP) in Korea[R]. Farm Management and Information Bureau Rural Development Administration (RDA) 250th Seodundong, Gwonseongu, Suwon Gyeonggi-do, 441-707, Korea, 2007-5-15

[12] Ha Minh Trung. GAP Status in Vietnam [DB/OL]. http://www.agnet.org/library.php? func=view&id=20110721114331&type_id=2, 2007-05-16

[13] Patricio S. Faylon, Eileen C. Cardonar. Philippine Agriculture: Retrospect and Prospects in Good Agricultural Practices Amid Globalization [DB/OL]. http://www.agnet.org/library.php? func = view&id = 20110721142241&type_id=2, 2007-05-16

[14] Mohamed Mohd. Status and Perspectives on Good Agricultural Practices in Malaysia [DB/OL]. http://www.agnet.org/library.php? func=view&id=20110725102453&type_id=2, 2007-05-16

[15] Huu-Sheng Lur. Progress of Application of Gap and Traceability in Taiwan [DB/OL]. http://www.agnet.org/library.php? func=view&id=20110721142540&type_id=2, 2007-05-22

[16] 薛守营. GAP认证:催动我国农业可持续发展的新希望[J]. 中国认证认可,2007,10

[17] 王建文,王为. GAP与农业可持续发展[J]. 农村经济,2009,12

[18] 侯传伟,王安建,魏书信. 解决食品质量安全的有效途径——实施良好农业规范(GAP) [J]. 食品科技,2008,3

[19] 王昕,徐捷,张韵,郑青松. 良好农业规范(GAP)及其对中国农业的启示[J]. 江苏农业科学,2009,3

[20] 庞波. EurepGAP与我国农产品出口贸易发展[D]. 对外经济贸易大学,2005

[21] 赵晓迪,朱俊峰. 中日良好农业规范发展比较研究[J]. 世界农业,2010,12

[22] 唐茂芝,乔东,葛红梅,等. 世界主要国家良好农业规范标准体系比较与借鉴研究[J]. 农业科技通讯,2012

[23] 汪学才,徐建陶. 国内外良好农业操作规范认证简况 [J]. 中国农学通报,2007,8

[24] 薛洋,付陈梅,王成秋. 全球良好农业规范的变迁和发展[J]. 食品工业科技,2009,3

[25] 陈廷贵,黄波. 日本良好农业规范的实践与启示[J]. 世界农业,

2010,5

[26] 樊红平,白玲,牟少飞,等. 欧美良好农业规范(GAP)比较及对中国的启示[J]. 世界农业,2007,2

[27] 石旺鹏. 我国GAP发展的成效及制约因素研究 [J]. 农产品质量与安全,2010,4

[28] 周脉伏,唐茂芝. 中国良好农业生产规范标准实施的思考[J]. 中国标准化,2012

[29] 胡晓钧. 探究GAP推广中存在的问题与对策[J]. 安徽农业通报,2009,15(23)

[30] 王志刚,包书政,许晓源. 农民专业合作社对推广中国良好农业规范的作用[J]. 中国农学通报,2008,24(12)

[31] 中美农业土地制度比较研究[J]. 社会经济体制比较,2013(2):65-73

[33] 牟少飞,朱彧,樊红平. 亚太地区各国实施良好农业操作规范(GAP)概括及启示[J],农业质量标准,2007(3):15-16

[34] 金发忠,宋怿,袁广义,等. 澳大利亚农产品质量安全管理与认证[J]. 农业质量标准,2007(2):48-51

[35] 唐茂之,乔东,葛红梅,王茂华,刘春青. 世界主要国家良好农业规范标准体系比较与借鉴研究[J]. 中国标准化,2012(2):77-81

[36] 张胜利. 农民合作组织模式比较研究[J]. 安徽师范大学硕士论文,2010. 4:10-14

[37] 李长云,刘畅,赵淑华. 美、日、欧农业产业化经营组织模式比较[J]. 商业研究,2009. 12(392):203-205

[38] 梁涛. 美国家庭农场发展现状及启示[J]. 农场金融研究,2013. 12:

10-15

[39] 段小力，蒋峰．台湾农业产销班的管理模式及其所[J]．热带农业科学，2012．1：69-71

[40] 周琼．台湾吉园圃标章的发展及启示[J]．台湾农业探索，2010．8：26-29

[41] 王家旭．优化农产品流通体系的国际经验借鉴[J]．研究与探讨，2012．7(31)：31-34

[42] 王潇芳．我国农产品流通模式创新研究[D]．四川师范大学学位论文，2012：23-26

[43] 冯忠泽，李庆江．消费者农产品质量安全认知及影响因素分析[J]．中国农村经济，2008．1：23-28

[44] 靳明，赵昶．绿色农产品消费意愿和消费行为分析[J]．中国农产经济，2008．5：44-54

[45]《中华人民共和国国家标准：良好农业规范第 2 部分：农场基础控制点和符合规范》，2005-12-31

[46] 李玮．国外农民培训对我国培育新型农民的启示[J]．农业经济，2008(9)：56-58

[47] 毛铁庄．美、日“新型农民”的内涵浅析[J]．建设新农村，2008(6)：56-58

[48] 卢冬丽，李红．日本农民职业教育的特点及启示[J]．长春教育学报，2013(15)：133-134

[49] 王克，张峭．国外农民培训的模式及经验启示[J]．农业经济展望，2009(2)：56-58

[50] 许珂，张磊．制约农民科学文化素质提高的小农意识及解决路径探

讨[J]. 广东农业科学,2009. 10:268-270

[51][52] 孙亚范,于海鹏. 立法后农民专业合作社的发展状况和运行机制分析[J]. 农业经济问题,2012(2):89-96

[53] 陈晖涛."合作社 + 农户":当前农业产业化经营的理想模式[J]. 理论观察,2009 (3):97-99

[54] 黄祖辉,梁巧. 梨果供应链中不同组织的效率及其对农户的影响[J]. 西北农林大学学报(社会科学版),2009(1):36-40

[55] 唐芳."公司 + 农户"经营模式的运行困境及改进[J]. 商场现代化,2008 (12):45-46

[56] 彭京京,李萍."公司 + 农户"模式的博弈分析与改进[J]. 江西农业大学学报(社会科学版),2009,8(2):64-67

[57] 孙庆珍. 农户生产安全农产品的影响因素分析[J]. 中国食物与营养,2008(1): 15-17

[58] 姜慧慧,徐立青. 影响农户农产品生产安全意愿的主要因素研究[J]安徽农业科学 2010,38(17):9256- 9259,9280

[59]王军. 中国农民专业合作社社员机会主义行为的约束机制分析[J]. 中国农村观察,2011(5):25-32

[60][63] 孔祥智. 中国农民专业合作社运行机制与社会效应分析[M]. 北京:中国农业出版社,2012

[61] 孟菲."公司 + 农户"发展模式的变迁与政策建议[J]. 企业经济,2007,7

[62] 马彦丽. 促进我国农民专业合作社健康发展研究[M]. 北京:中国社会科学出版社,2011